Machine Learning Projects
for Mobile Applications

# 移动端机器学习实战

[印度] 卡斯基延·NG（Karthikeyan NG） 著

王东明 周达希 译

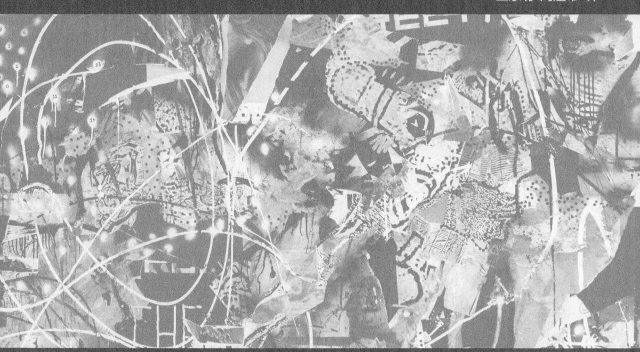

人民邮电出版社

北 京

图书在版编目（CIP）数据

移动端机器学习实战 /（印）卡斯基延·NG
（Karthikeyan NG）著；王东明，周达希译. -- 北京：
人民邮电出版社，2019.10（2022.10重印）
ISBN 978-7-115-51684-8

Ⅰ. ①移… Ⅱ. ①卡… ②王… ③周… Ⅲ. ①移动终
端－应用程序－程序设计 Ⅳ. ①TN929.53

中国版本图书馆CIP数据核字(2019)第208323号

## 内 容 提 要

本书系统地讲述如何基于 TensorFlow Lite 和 Core ML 构建 Android 与 iOS 应用程序。本书共 9 章。第 1 章介绍机器学习的基础知识以及 TensorFlow Lite 和 Core ML 框架。第 2～8 章介绍如何开发 7 款常见应用程序，分别是一款预测人物年龄和性别的应用程序，一款在照片上应用艺术风格迁移的应用程序，一款用于面部检测和条形码扫描的应用程序，一款类似于 Snapchat 的应用程序，一款识别手写数字的应用程序，一款流行的在线换脸应用程序，一款利用迁移学习完成食物分类的应用程序。第 9 章总结全书，并介绍基于机器学习的云服务。

本书适合机器学习、深度学习和人工智能等方面的专业人士阅读。

## 版 权 声 明

◆ 著　　　[印度]卡斯基延·NG（Karthikeyan NG）

译　　　王东明　周达希

责任编辑　谢晓芳

责任印制　焦志炜

◆ 人民邮电出版社出版发行　　北京市丰台区成寿寺路 11 号
邮编　100164　　电子邮件　315@ptpress.com.cn
网址　http://www.ptpress.com.cn

北京九州迅驰传媒文化有限公司印刷

◆ 开本：800×1000　1/16
印张：13.75　　　　　　　　2019 年 10 月第 1 版
字数：269 千字　　　　　　　2022 年 10 月北京第 2 次印刷

著作权合同登记号　图字：01-2018-8407 号

定价：59.00 元
读者服务热线：(010)81055410　印装质量热线：(010)81055316
反盗版热线：(010)81055315
广告经营许可证：京东市监广登字 20170147 号

# 作 者 简 介

Karthikeyan NG 是印度的一名工程和技术主管。之前他曾经在 Symantec 公司担任软件工程师，之后就职于两家总部位于美国的初创企业，参与过各种类型的产品开发。他在开发各种可扩展的产品方面拥有超过 9 年的经验，这些产品使用了 Web、Mobile、机器学习（Machine Learning，ML）、增强现实以及虚拟现实技术。他是一名有抱负的企业家和技术传播者，他勇于探索新技术并使用创新理念来解决问题。同时，他还是班加罗尔大学的客座教授。

# 译 者 简 介

王东明，从事游戏行业十年，具有丰富的游戏开发经验，熟悉客户端游戏、网页游戏、手机游戏的开发。业余时间，喜欢学习和翻译技术类图书，积极探索各类前沿技术在游戏开发中的应用。

周达希，中国传媒大学硕士，具有 5 年新媒体运营经验。熟悉互联网行业的各种流行技术，致力于传播专业技术知识。

# 审校者简介

Mayur Ravindra Narkhede 在数据科学和工业领域拥有大量经验。他是一名科研人员，拥有计算机科学专业学士学位，在计算机与工程科学方面拥有硕士学位，他的研究方向是人工智能。

作为一名数据科学家，他擅长构建自动化的端到端解决方案，他精通人工智能（Artificial Intelligence，AI）、机器学习（ML）和数据挖掘技术的应用，同时他对于商业功能和可能增长的需求会提出更好的解决方案。

他曾经参与制定过很多高级解决方案，比如，ML 和预测模型开发在石油与天然气、金融服务、交通运输、生命科学等领域中的应用，以及资产密集型行业的大数据平台。

# 译 者 序

从 AlaphGo 击败围棋世界冠军李世石并一战成名之后，机器学习逐渐从计算机领域中的专业词汇走进了大众的视野。目前，机器学习已经广泛应用于各行各业，如人类视觉、自然语言处理、图像处理等。机器学习渗透到了信息化生活的方方面面，不管每个人是否注意，他们几乎都会或多或少接触到与机器学习相关的应用。

随着移动智能设备的逐渐普及和硬件水平的提升，机器学习在移动设备上的应用也越来越多。各种硬件新产品的发布也都要将 AI 与机器学习作为一大卖点。机器学习与移动设备的结合展现了机器学习在移动应用开发领域的魅力。

机器学习是一门复杂的交叉学科，专门研究计算机如何模拟或者实现人类的学习行为，从而不断完善自身。机器学习是人工智能领域的核心技术，它涉及的算法众多，很容易让很多入门者都知难而退。

本书旨在讲述如何在移动应用程序开发领域使用机器学习技术。本书面向机器学习的初学者。本书首先会介绍机器学习的基本概念，然后会通过移动应用程序案例和实际代码，逐步介绍相关的理论知识，从而激发初学者的兴趣。阅读完本书，读者完全可以开发出与机器学习相关的移动端应用程序，从而进一步深入理解机器学习在移动端的应用。

因为本书主要讲述机器学习的实际应用，所以与机器学习相关的理论知识涉及略少，如果要进阶，建议读者在今后持续学习。

因为本书的技术比较新颖，涉及的一些专业词汇在国内尚没有统一的翻译标准，所以术语的翻译可能与今后正规的译法略有差异。限于译者水平，疏漏在所难免，恳请读者批评指正。

王东明

# 前　　言

机器学习（Machine Learning，ML）是一门正在高速发展的技术，它专注于计算机程序的开发，这些程序在处理新数据时可以进行修改。机器学习现在已经获得了重大进展，小到机器学习的实际应用，大到**人工智能**（Artificial Intelligence，AI）。

本书介绍现实生活中多个应用程序的实现，这些应用程序会展示如何使用 TensorFlow Lite 或者 Core ML 完成有效率的机器学习。我们将会学习 TensorFlow 及其扩展（如 TensorFlow Lite）的新功能，以开发智能的应用程序（可从复杂的大型数据库中学习）。本书将会深入讨论一些高级话题，如使用**卷积神经网络**（Convolutional Neural Network，CNN）、**循环神经网络**（Recurrent Neural Network，RNN）、迁移学习这样的深度神经网络技术来构建深度应用程序，从而掌握深度学习相关的内容。

通过本书，你不但会掌握机器学习中的概念，而且将学会如何实现机器学习和深度学习。同时，在使用 TensorFlow Lite 和 Core ML 构建强大的移动端应用程序时，你还将学会如何解决问题以及应对挑战。

## 本书读者对象

本书主要面对想要掌握 ML 与深度学习的数据科学家、ML 专家、深度学习（或者 AI）爱好者。读者最好具有一定的 Python 编程基础。

# 本书内容

第 1 章介绍 TensorFlow Lite 和 Core ML 背后的基础知识。

第 2 章讲述如何构建一款 iOS 应用程序，这款应用程序可以借助已经存在的数据模型，使用相机或者用户相册中的数据预测人的年龄和性别。

第 3 章讨论如何将图片转换为 Instagram 应用程序的风格。

第 4 章探讨基于 Firebase 的 ML Kit 平台。

第 5 章展示如何使用 TensorFlow Lite 构建一个 AR 滤镜，这个滤镜将会使用在 Snapchat 和 Instagram 等应用程序上。

第 6 章介绍如何构建一个用于识别手写数字的 Android 应用程序。

第 7 章讲述如何构建一款可以换脸的应用程序。

第 8 章解释如何使用迁移学习对食物进行分类。

第 9 章回顾本书讨论的所有的应用程序。

# 如何充分利用本书

如果你之前开发过移动端应用程序，那么这项技能对于阅读本书将会有极大的帮助。如果之前没有开发过移动端应用程序，那么最好学习一下 Android 应用程序开发语言（如 Java 或者 Kotlin），还有 iOS 应用程序开发语言 Swift。

如果你拥有 Python 编程基础，那么它将会帮助你构建自己的数据模型，但是 Python 技能并不是必需的。

本书介绍的应用程序都是使用 MacBook Pro 笔记本计算机构建的。对于大部分命令行操作，假设你已经在计算机上安装了 bash shell。这些命令行可能在 Windows 开发环境下无法正常工作。

# 下载代码

可以在 Packt 网站上使用自己的账号下载本书中全部的示例代码。如果你在其他地方购买的本书，那么可以访问 Packt 网站并注册，代码会通过邮件的形式直接发送给你。

可以通过下面的步骤下载文件。

（1）在 Packt 网站上登录或注册。

（2）选择 **SUPPORT** 选项卡。

（3）单击 **Code Downloads & Errata**。

（4）在 **Search** 框中输入本书的名字，并参照屏幕上的提示进行操作。

一旦下载了文件，请确保使用各个平台对应版本的压缩软件解压文件夹。

- 在 Windows 平台上使用 WinRAR/7-Zip。

- 在 Mac 平台上使用 Zipeg/iZip/UnRarX。

- 在 Linux 平台上使用 7-Zip/PeaZip。

本书使用的代码也可以从 GitHub 上下载。一旦代码有更新，GitHub 仓库就会进行相应的更新。

在 GitHub 网站上还有一些其他图书的代码和视频。

# 下载彩色图片

我们还提供了一个 PDF 文档，里面包含了本书使用的所有屏幕截图和彩色图片，可以在 Packtpub 网站下载。

# 本书约定

本书在版式上遵循以下约定。

代码段的格式如下。

```
def estimate_house_price(sqft, location):
 price = < DO MAGIC HERE >
 return price
```

命令行的输入和输出格式如下。

```
xcode-select --install
```

**粗体**：表示新的术语、重要的文字，或者需要在屏幕上让你看到的文字。比如，菜单或者对话框中的文字将会显示成粗体。例如，“在初始化界面中选中 **Single View App**，如下图所示”。

警告或者重要的注意事项用这个图标表示。

 小贴士和技巧用这个图标表示。

# 联系我们

我们非常欢迎读者的反馈。

**一般反馈**：如果你对本书的任何章节有疑问，那么请在邮件的标题中写上书名，并将邮件发送到 customercare@packtpub.com。

**勘误**：虽然我们已经尽量保证本书内容的正确性，但可能还会有一些错误。如果你发现了本书中的错误，请报告给我们，我们将会非常感谢。请访问 Packt 网站，找到本书，单击 Errata Submission Form 链接，并输入相应的细节。

**打击盗版行为**：如果你在网上发现本书任何形式的非法副本，请将具体链接或者网站的名称报告给我们，我们将会非常感谢。请将相关信息通过邮件发送到 copyright@packt.com。

**投稿**：如果你精通某个领域同时想要撰写或参与撰写图书，请访问 Packt 网站。

# 评论

当你阅读完本书后，请发表评论。你已经阅读了本书，为什么不在购书的网站上发表评论呢？潜在读者将会看到你客观的评论，并根据评论做出是否购买本书的决定，同时 Packt 会了解你对本书的评价，作者也会看到关于他们撰写的图书的反馈。谢谢！

要获得关于 Packt 的更多信息，请访问 Packt 网站。

# 致谢

感谢 Saurav Satpathy 帮助我完成某些章节的代码。感谢 Varsha Shetty 给了我编写本书的灵感，还要感谢 Rhea Henriques 的坚韧不拔。感谢 Akshi、Tejas 和 Sayli 以及技术审校者 Mayur 以及编辑团队。同时感谢开源社区中既可以用于 Android 又可以用于 iOS 平台的框架让本书顺利编写完毕。

Karthikeyan NG

# 资源与支持

本书由异步社区出品，社区（https://www.epubit.com/）为您提供相关资源和后续服务。

## 配套资源

要获得以上本书配套源代码，请在异步社区本书页面中单击 配套资源 ，跳转到下载界面，按提示进行操作即可。注意，为保证购书读者的权益，该操作会给出相关提示，要求输入提取码进行验证。

如果您是教师，希望获得教学配套资源，请在社区本书页面中直接联系本书的责任编辑。

## 提交勘误

作者和编辑尽最大努力来确保书中内容的准确性，但难免会存在疏漏。欢迎您将发现的问题反馈给我们，帮助我们提升图书的质量。

当您发现错误时，请登录异步社区，按书名搜索，进入本书页面，单击"提交勘误"，输入勘误信息，单击"提交"按钮即可（见下图）。本书的作者和编辑会对您提交的勘误进行审核，确认并接受后，您将获赠异步社区的 100 积分。积分可用于在异步社区兑换优惠券、样书或奖品。

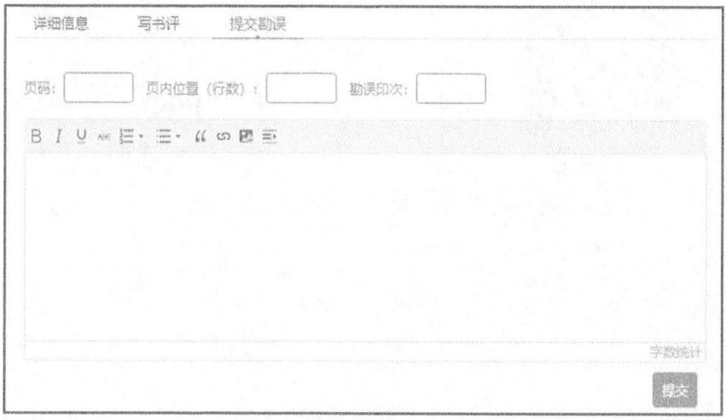

## 与我们联系

我们的联系邮箱是 contact@epubit.com.cn。

如果您对本书有任何疑问或建议，请您发邮件给我们，并请在邮件标题中注明本书书名，以便我们更高效地做出反馈。

如果您有兴趣出版图书、录制教学视频，或者参与图书翻译、技术审校等工作，可以发邮件给我们；有意出版图书的作者也可以到异步社区在线提交投稿（直接访问 www.epubit.com/selfpublish/submission 即可）。

如果您所在学校、培训机构或企业想批量购买本书或异步社区出版的其他图书，也可以发邮件给我们。

如果您在网上发现有针对异步社区出品图书的各种形式的盗版行为，包括对图书全部或部分内容的非授权传播，请您将怀疑有侵权行为的链接发邮件给我们。您的这一举动是对作者权益的保护，也是我们持续为您提供有价值的内容的动力之源。

## 关于异步社区和异步图书

"异步社区"是人民邮电出版社旗下 IT 专业图书社区，致力于出版精品 IT 技术图书和相关学习产品，为作译者提供优质出版服务。异步社区创办于 2015 年 8 月，提供大量精品 IT 技术图书和电子书，以及高品质技术文章和视频课程。更多详情请访问异步社区官网 https://www.epubit.com。

"异步图书"是由异步社区编辑团队策划出版的精品 IT 专业图书的品牌，依托于人民邮电出版社近 30 年的计算机图书出版积累和专业编辑团队，相关图书在封面上印有异步图书的 LOGO。异步图书的出版领域包括软件开发、大数据、AI、测试、前端、网络技术等。

异步社区

微信服务号

# 目　　录

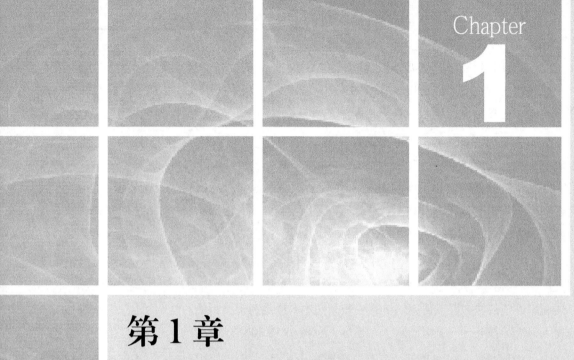

Chapter

1

第 1 章

# 机器学习在移动端的
# 使用情况

当今，计算机在不断发展，设备形式正在发生巨大的改变。过去我们只能在办公室看到计算机，但是现在它可以出现在我们的家里、膝盖上、口袋里以及在手腕上。计算机市场正在变得越来越多样化，同时计算机也越来越智能化。

现在基本上所有的成年人都会携带一个设备，无论我们是否真的需要看手机，据估算，我们每天都会看至少 50 次智能手机。这些设备影响着我们每天的决策过程。设备上一般都装配一些仿人工智能的应用程序，如 Siri、Google Assistant、Alexa 或者 Cortana。虚拟助手回答任何问题的能力使得这类技术越来越了解人类的需求。在后端，这类系统使用来自所有用户的综合人工智能。与虚拟助手交互得越多，得到的结果就越好。

尽管已经有了这些进步，但是我们距离通过机器创建人脑有多远呢？如果科学的进步可以发明一种控制大脑神经元的方法，那么在不久未来我们就可以通过机器创建人脑。使用机器模拟人脑的能力可以帮我们解决一些与文本、视觉和音频相关的复杂问题。它们会模拟人脑每天执行的任务——平均来说，人脑每天会做出 35 000 个决定。

虽然未来我们可以模拟人脑，但是这要付出代价。现在我们找不到一个更廉价的解决方案。相对于人脑，模拟人脑的程序受限于巨大的能量消耗。人脑的功率大约为 20W，而模拟人脑同等功能的程序的功率至少为 $10^6$W。人脑神经元的工作频率大约是 200Hz，而常见的微处理器的工作频率大概是 2GHz，这比人类大脑快 1000 万倍。

虽然我们距离复制人脑的距离仍然很遥远，但是我们可以实现一种算法，这种算法可以基于之前的数据以及来自相似设备的数据做出精准的决策。在这里，**人工智能**将会派上用场。使用提前定义的算法对我们拥有的复杂数据进行模式识别，这种类型的智能（行为）可以为我们提供有用的信息。

当计算机每次可以在不需要明确指示的情况下做出决策的时候，我们就实现了**机器学习**（Machine Learning，ML）的功能。现在，ML 的应用随处可见，比如，识别垃圾邮件，在电商网站上推荐购买商品、在社交媒体的图片中自动标注人脸等。这些例子都使用了基于历史数据的模式识别，以及数据降噪算法和高质量输出算法。当数据越来越多的时候，计算机就可以做出更精准的决策。

因为我们现在通过各种方式访问移动设备，而且我们在这些设备上花费的时间也越来越多，所以让 ML 模型运行在手机上也是可行的。在移动手机市场中，Android 和 iOS 平台占据了绝大部分。所以，我们将探索 TensorFlow Lite 和 Core ML 如何运行在这两个移动平台上。

本章将包含如下内容：

- ML 的基础知识（附有示例）；

- TensorFlow 和 Core ML 的基础知识。

# 1.1　机器学习的基础

ML 是一个描述使用一组通用算法分析数据的过程的概念，它能提供你感兴趣的数据，而不用专门编写特定代码。

可以将 ML 视为黑箱，前沿科学家使用黑箱来实现一些高级功能，比如，检测癫痫病或者癌症，而你的邮件收件箱将会每天使用黑箱过滤垃圾邮件。

从更高的层面上说，ML 可以分为监督式学习和非监督式学习。

## 1.1.1　监督式学习

对于监督式学习，我们的主要任务是编写一个函数将输入映射到输出。比如，如果有一个输入变量（$x$）和一个输出变量（$y$），那么就可以使用某个算法作为从输入到输出的映射函数：

$$y = f(x)$$

我们的目标是尽量实现映射函数，这样当有一个输入（$x$）的时候，我们可以预测出对应的输出变量（$y$）。

比如，我们有一堆水果和一些篮子。首先，我们将水果和篮子按照标签分类，如苹果、香蕉、草莓等。当将水果和篮子的标签制作好并将水果放到对应的篮子中之后，现在我们的工作就是标记新添加的水果。我们已经学习了所有的水果品种并用标签将它们标记好了。基于之前的经验，我们可以根据水果的颜色、大小和形状来标记水果的品种。

## 1.1.2　非监督式学习

在这种情况下，只有输入数据（$x$），没有对应的输出变量。非监督式学习的目标是对数据的基础结构或分布情况进行建模，由此从数据中学习更多知识。

在非监督式学习中，我们一开始可能没有任何数据。看一下监督式学习中的例子，现在我们有一篮子水果，需要将它们按类分组。但是，我们事先没有任何数据，也没有接受过训练或者用标签加以区分。在这种情况下，我们需要了解输入的对象所处的领域，因为我们不知道它是水果还是其他的东西。所以，首先，要了解每次输入的全部特征。然后，当有新输入的时候，尽量用已有的特征进行匹配。最后，我们可能会将所有红色的水果放到一个篮子中，所有绿色的水果放到另外一个篮子中。这种分类方法并不精确，我们将它称为非监督式学习。

## 1.1.3 线性回归——监督式学习

看一个线性回归的简单例子，它是由 TensorFlow 实现的。

根据在相同区域中其他不同大小的房屋价格来预测某个房屋的价格（见下图）。

82 000 美元　　　　55 500 美元　　　　???

在我们手上有两栋房屋的价格信息，一栋售价是 82 000 美元，另外一栋售价是 55 000 美元。现在，我们的任务是预测第 3 栋房屋的价格。我们知道房屋的价格和对应房屋的面积，这样可以将已有的数据映射到一张图上。我们根据已有的两个数据推测第 3 栋房屋的价格。

 现在可能你想知道如何绘制直线。画一条随机的直线以接近图中标记的所有点。计算每个点到线之间的距离，并将它们加到一起。这样得到一个误差值。使用的算法应该最小化误差，因为最合适的直线拥有更小的误差值。这个过程称为**梯度下降**（gradient descent）。

首先将指定区域中所有房屋的价格都映射到对应的图中（见下图）。

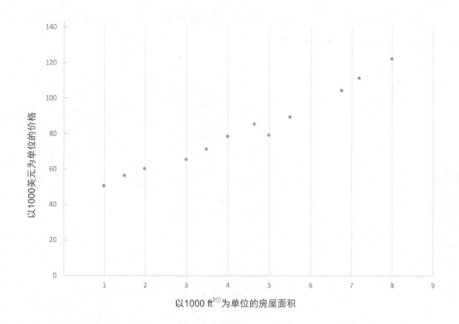

然后，将已知的两栋房屋的价格绘制到图中（见下图）。

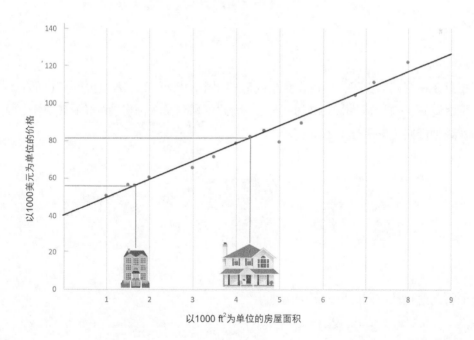

---

① 1ft² = 0.092 903m²。——编者注

之后，绘制一条直线以尽量接近所有的值。这条直线与数据完美吻合。由此，我们应该可以推断出第 3 栋房屋的价格（见下图）。

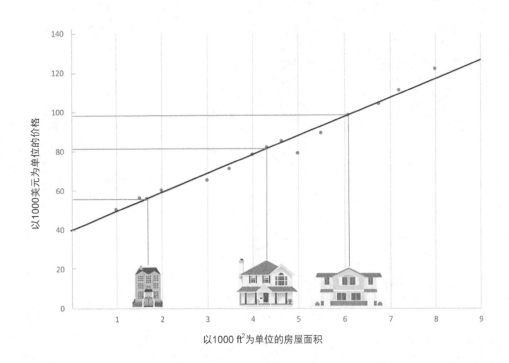

根据第 3 栋房屋的面积，可以将数据映射到图中。接下来，找出连接所有点的直线。从上图中可以看到，$y$ 轴映射到了 98 300 美元，因此可预测第 3 栋房屋的价格（见下图）。这个过程叫作**线性回归**（linear regression）。

82 000 美元       55 500 美元       98 300 美元

我们将问题以伪代码的形式展现出来。

```
def estimate_house_price(sqft, location):

price = 0

#In my area, the average house costs 2000 per sq.ft
```

```
price_per_sqft = 2000
if location == "vegas":
    #but some areas cost a bit more
    price_per_sqft = 5000
elif location == "newyork":
    #and some areas cost less
    price_per_sqft = 4000
#start with a base price estimate based on how big the place is
price = price_per_sqft * sqft
return price
```

上面就是预测房价的常见方法。可以添加很多条件，但是当地点或者其他参数越来越多的时候，代码将会变得更加复杂。对于房价预测来说，有很多因素需要考虑，如面积、位置以及附近的学校、加油站、医院、交通状况等。可以先将这个函数简单化，代码如下。

```
def estimate_house_price(sqft, location):
 price = < DO MAGIC HERE >
 return price
```

如何标识一条直线（而不用编写额外的条件检查）呢？一般来说，线性回归线用如下公式表达。

$$Y = XW + b$$

在这个例子中，为了便于理解，首先，将上面的公式转换为以下形式。

$$\text{prediction} = X \cdot \text{Weight} + \text{bias}$$

其中，prediction 表示预测值，Weight 表示直线的斜率，bias 表示截距（也就是当 $X=0$ 的时候，$Y$ 的值）。

然后，构建线性模型，这时需要确定梯度下降值。根据 cost 函数确定均方差（mean squared error），以获得梯度下降值。

$$\text{cost} = \sum_{i=1}^{50} \frac{[\text{randomguess}(i) - \text{realanswer}(i)]^2}{50 \times 2}$$

用伪代码表示 cost 函数，以解决房价预测的问题。

```
def estimate_house_price(sqft, location):
 price = 0
```

```
#and this
price += sqft * 235.43
#maybe this too
price += location * 643.34
#adding a little bit of salt for a perfect result
price += 191.23
return price
```

值 235.43、643.34 以及 191.23 看上去像是随机值,但是这些值可以用来预测新的房屋价格。是如何获得这些值的呢?我们应该使用迭代方法来获得正确的值,以减小在正确方向上的误差。

```
def estimate_house_price(sqft, location):
price = 0
#and this
price += sqft * 1.0
#maybe this too
price += location * 1.0
#adding a little bit of salt for a perfect result
price += 1.0
return price
```

因此,先从 1.0 开始迭代,然后在正确的方向上最小化误差。使用 TensorFlow 实现下面的代码。后面将会详细解释这些代码。

```
#import all the necessary libraries
import tensorflow as tf
import matplotlib.pyplot as plt
import numpy


#Random number generator
randnumgen = numpy.random


#The values that we have plotted on the graph
values_X =
  numpy.asarray([1,2,3,4,5.5,6.75,7.2,8,3.5,4.65,5,1.5,4.32,1.65,6.08])
values_Y =
```

```
    numpy.asarray([50,60,65,78,89,104,111,122,71,85,79,56,81.8,55.5,98.3])


# Parameters
learning_rate = 0.01
training_steps = 1000
iterations = values_X.shape[0]


# tf float points - graph inputs
X = tf.placeholder("float")
Y = tf.placeholder("float")


# Set the weight and bias
W = tf.Variable(randnumgen.randn(), name="weight")
b = tf.Variable(randnumgen.randn(), name="bias")


# Linear model construction
# y = xw + b
prediction = tf.add(tf.multiply(X, W), b)


#The cost method helps to minimize error for gradient descent.
#This is called mean squared error.
cost = tf.reduce_sum(tf.pow(prediction-Y, 2))/(2*iterations)


# In TensorFlow, minimize() method knows how to optimize the values for #
weight & bias.
optimizer =
    tf.train.GradientDescentOptimizer(learning_rate).minimize(cost)


#assigning default values
init = tf.global_variables_initializer()


#We can start the training now
with tf.Session() as sess:
```

```
# Run the initializer. We will see more in detail with later
#chapters
sess.run(init)


# Fit all training data
for step in range(training_steps):
    for (x, y) in zip(values_X, values_Y):
        sess.run(optimizer, feed_dict={X: x, Y: y})
        c = sess.run(cost, feed_dict={X: values_X, Y:values_Y})
        print("Step:", '%04d' % (step+1), "cost=", "
                        {:.4f}".format(c), \
                        "W=", sess.run(W), "b=", sess.run(b))


print("Successfully completed!")
# with this we can identify the values of Weight & bias
training_cost = sess.run(cost, feed_dict={X: values_X, Y:
                                            values_Y})
print("Training cost=", training_cost, "Weight=", sess.run(W),
    "bias=", sess.run(b))


# Lets plot all the values on the graph
plt.plot(values_X, values_Y, 'ro', label='house price points')
plt.plot(values_X, sess.run(W) * values_X + sess.run(b),
                            label='Line Fitting')
plt.legend()
plt.show()
```

可以在 GitHub 仓库中找到本章的代码。

# 1.2 TensorFlow Lite 和 Core ML

尝试亲自使用 ML 模型数据集并训练模型将有助于阅读本书。这对于迅速深入理解后面章节也很有帮助。这里并不讨论基本的 ML 算法。相反，我们更注重实践方法。可以从 GitHub 仓库下载完整的代码库。

本书将会介绍两个框架——TensorFlow Lite 和 Core ML。这两个框架与 Android 和 iOS 紧密结合。我们将会使用 TensorFlow Lite 查看 ML 在移动设备上的基本应用。假设读者已了解 TensorFlow 的基础知识和基本的 ML 算法，因为本书并不会介绍这些内容。

就像前面说过的那样，现在基本上每个人都会随时携带一部智能手机。我们从设备的传感器中能获得大量数据。除此之外，我们还会从边缘设备中获取数据。在撰写本书的时候，这个分类下已经有将近 2300 万种设备，包括智能音箱、智能手表以及智能传感器。之前只能应用于昂贵设备上的高端技术现在也可以应用在廉价设备上了。设备的指数级增长为在这些设备上使用 ML 做好了准备。

虽然在这些设备上运行 ML 有很多原因，但是最主要的原因是时延性。如果你正在处理视频或者音频，你不希望一直与服务器来来回回地传递数据。另外一个优点是可以在设备离线的时候进行操作。更重要的是，数据一直都在设备上，并且是用户的本地数据。从电池/能量的消耗来说，这也是非常节能的。

虽然这种方法的优点很多，但是也有几个缺点。大部分由电池提供能量的设备的存储空间有限，计算能力不足，还有严格的内存限制。TensorFlow 框架并不会解决这些问题，这也是为什么 TensorFlow 转换为了一种能在这些限制下高效工作的框架。TensorFlow Lite 是一个轻量级的并且节省内存和节能的框架，可以运行在造型小巧的嵌入式设备中。

# 1.3　TensorFlow Lite

TensorFlow Lite 框架由 5 个高级的组件构成。这些组件都针对移动平台进行过优化，整个架构如下图所示。

下面是 TensorFlow Lite 架构核心单元的介绍。

- TensorFlow Lite 转换器——用于将已经存在的模型转换为 TensorFlow Lite 兼容的模型

（.tflite），并将经过训练的模型保存在硬盘上。还可以在移动或者嵌入式应用程序中使用提前训练过的模型。

- Java/C++ API——用于载入 .tflite 模型并调用解释器。这些 API 适用于所有平台。Java API 是在 C++ API 上进行了一层封装，只能应用在 Android 系统上。

- 解释器和内核——解释器模块在操作系统内核的帮助下工作。它会根据选择地载入内核模块，核心解释器的大小为 75KB。相对于 TensorFlow Mobile 需要使用 1.1MB 的核心解释器来说，TensorFlow Lite 的内核已经减少了相当多。加上所有相关操作，核心解释器的大小上升到了 400KB。开发者可以选择包含哪些操作，这样就能减少内核占用的空间。

- 硬件加速的代理——在所选的 Android 设备上，解释器将会使用 **Android 神经网络 API**（Android Neural Network API，NNAPI）来实现硬件加速，如果 NNAPI 不可用，就会使用 CPU 进行默认加速。

可以使用 C++ API 实现自定义内核，这个自定义内核也可以由解释器使用。

## 1.3.1　支持的平台

TensorFlow Lite 当前支持 Android/iOS 平台，也支持 Linux（如 Raspberry Pi）平台（见下图）。在嵌入式设备（如 Raspberry Pi）中，Python API 将会很有帮助。TensorFlow Lite 平台同样支持 Core ML 模型以及 iOS 平台。

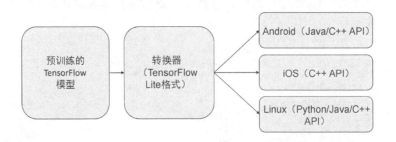

在 iOS 平台上，可以直接将预训练的 TensorFlow 模型在格式上转换为 Core ML 模型，这样应用程序就可以直接运行在 Core ML 运行时中。

当只有单一模型的时候，通过格式转换可以让它既运行在 Android 平台上，也运行在 iOS 平台上（见下图）。

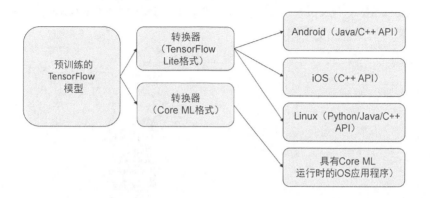

## 1.3.2 TensorFlow Lite 的内存使用情况和性能

TensorFlow 模型使用了 FlatBuffers。FlatBuffers 是一个跨平台、开源的序列化库。使用 FlatBuffers 的主要优点是在打包/解包的过程中不需要辅助表征（secondary representation）。FlatBuffers 通常与逐对象的内存分配（per-object memory allocation）搭配使用。相对于 Protocol Buffers 而言，FlatBuffers 更节约内存，因为它有助于保持较小的内存占用量。

FlatBuffers 最开始是针对游戏平台开发的。出于性能原因，它也应用在其他领域。在转换过程中，TensorFlow Lite 提前处理了激活和偏差的问题，让 TensorFlow Lite 执行得更快。解释器使用静态内存和执行计划，这可以加快载入速度。优化过的内核可以在 NEON 和 ARM 平台上运行得更快。

TensorFlow 充分利用了这些设备上硅片级的创新。TensorFlow Lite 支持 Android NNAPI。在编写本书的时候，不少 **Oracle 企业管理器**（Oracle Enterprise Manager，OEM）已经开始使用 NNAPI 了。TensorFlow Lite 直接使用了图形加速，也就是说，在 Android 上使用**开放图形库**（Open Graphics Library，OpenGL），在 iOS 上使用 Metal。

为了优化性能，分层方式有一些更改。采用一种存储数字和对数字执行运算的技术。TensorFlow Lite 提供的帮助有两方面。首先，只要模型越小，TensorFlow Lite 就越适合小型设备。其次，很多处理器使用专门的 synthe 指令集，该指令集处理定点数的速度远远大于处理浮点数的速度。所以，一种非常原始的分层方式就是在训练之后简单地缩小权重和激活数量。不过这样会导致次优的准确率。

TensorFlow Lite 的性能是 MobileNet 和 Inception V3 上 TensorFlow 性能的 3 倍。虽然 TensorFlow Lite 仅支持推断，但是它很快就会拥有一个训练模块。TensorFlow Lite 支持将近 50 个常见的操作。

它支持 MobileNet、Inception V3、RedNet50、SqueezeNet、DenseNet、Inception V4、SmartReply 以及其他网络（见下图）。

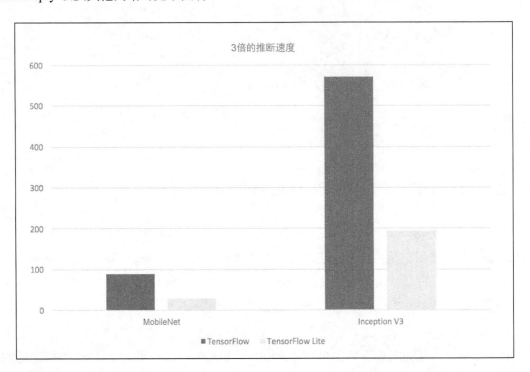

 图中纵轴的单位是毫秒。

### 1.3.3 动手使用 TensorFlow Lite

借助 TensorFlow Lite，可以使用一个已有模块迅速开始构建第一个基于 TensorFlow Lite 的应用程序（见下图）。

在实际情况下，使用 TensorFlow Lite 包含 4 步。

（1）要么使用一个已经存在的模型，要么使用自己的模型并训练它。

（2）一旦准备好模型，就需要使用转换器将其转换为 .tflite 格式。

（3）在这个模型之上编写各种类型的优化操作。

（4）开始实现 hello world 项目。

从这里开始，直接进入代码部分。

## 1.3.4   将 SavedModel 转换为 TensorFlow Lite 格式

只需要调用一行转换函数，就可以将 ML 模型转换为 TensorFlow Lite 模型。下面是一段简单的 Python 代码，它会将已经存在的模型转换为 TensorFlow Lite 格式。可以输入已经存在的模型，并将它转换为 .tflite 格式。

```
import sys
from tf.contrib.lite import convert_savedmodel
convert_savedmodel.convert(
                        saved_model_directory="/tmp/your_model",
                        output_tflite_file="/tmp/my_model.tflite")
```

这段代码将从其他框架创建的模型转换为使用 FlatBuffers 的 TensorFlow Lite 格式。下面是一些转换策略。

**策略**

我们实现了下列策略。

- 使用固化图形文件（frozen graphdef）或者 SavedModel。
- 避免不支持的操作符。
- 使用可视化器来理解模型（TensorBoard 和 TensorFlow Lite 可视化器）。
- 针对任何缺失的功能，使用自定义操作符。
- 如果在转换过程中漏掉了一些内容，请向社区提交问题。

后面的章节将会结合实际应用程序探讨这些策略的细节。

## 1.3.5 在 Android 上使用 TensorFlow Lite

我们可以从 TensorFlow GitHub 仓库的示例应用程序开始学习。示例是一个相机应用程序，它使用浮点数的 Inception V3 模型或者量化的 MobileNet 模型持续对图片进行分类。尝试使用 Android 5.0 版本或者更早的版本。

 示例应用程序参见 GitHub 网站。

这个应用程序用于实时地按帧分类。它显示了最可能的分类，同时还会显示检测每张图片所需的时间。

通过 3 种方法可以让这个示例应用程序运行在设备上。

- 下载提前编译好的 APK 文件。

- 使用 Android Studio 构建应用程序并运行。

- 使用 Bazel 下载 TensorFlow Lite 的源代码，并在命令行中运行应用程序。

### 1. 下载 APK 文件

这是尝试运行示例应用程序最简单的方法。

安装了示例应用程序之后，打开它。首次打开这款应用程序的时候，它会提示你使用运行时权限访问设备相机。一旦具有了访问权限，你就可以使用这款应用程序实时识别相机视图中的对象了。在结果中，可以看到已识别对象的前 3 种分类，以及分类花费的时间。

### 2. 使用 Android Studio 构建 TensorFlow Lite 应用程序

按照下面的步骤可以直接通过 Android Studio 下载并构建 TensorFlow Lite。

（1）下载并安装最新版本的 Android Studio。

（2）在 Android Studio 的设置中，确保 NDK 的版本大于 14，SDK 的版本大于 26。本书中的应用程序使用的 SDK 的版本是 27。后面将会详细介绍如何配置。

（3）从 GitHub 网站下载 tflitecamerademo 应用程序。

（4）按照 Android Studio 的提示，下载所有 Gradle 的相关依赖项。

为了在应用程序中使用模型，需要提供一个模型。要么使用已经存在的模型，要么训练自己的模型。在这个应用程序中，使用一个已经存在的模型。

可以从 GitHub 网站下载已经存在的模型，也可以从 GitHub 网站下载压缩过的模型文件。

可以下载 Inception V3 浮点模型或者最新的 MobileNet 模型。首先，将合适的.tflite 文件复制到 Android 应用程序的 assets 文件夹中。然后，更改 Camera2Basic Fragment.java 文件，该文件位于 tensorflow/contrib/lite/java/demo/app/src/main/assets/中。

 可以从 GitHub 网站下载已经存在的 models.md 模型。

现在，可以开始构建并运行示例应用程序。

### 3．从源代码中构建 TensorFlow Lite 示例应用程序

复制 TensorFlow 的代码仓库。需要使用 Bazel 来构建 APK。

```
git clone https://github.com/tensorflow/tensorflow
```

### 4．安装 Bazel

如果系统中还没有安装 Bazel，那么首先要安装它。本书的编写环境基于 macOS High Sierra 10.13.2。可以使用 Homebrew 来安装 Bazel。

### 5．安装 Homebrew

请按照下面的步骤安装 Homebrew。

（1）因为 Homebrew 依赖 JDK，所以首先要安装 JDK。从 Oracle 官方网站下载并安装最新的 JDK。

（2）安装 Homebrew。

可以直接在 Terminal 中运行如下脚本。

```
/usr/bin/ruby -e "$(curl -fsSL \
    https://github.com/Homebrew/)"
```

一旦 Homebrew 安装完毕，可以使用以下命令安装 Bazel。

```
brew install bazel
```

现在，所需的软件已经安装好，可以使用下面的命令确认 Bazel 的版本。

```
bazel version
```

如果已经安装了 Bazel，那么可以使用下面的命令升级 Bazel 的版本。

```
brew upgrade bazel
```

 Bazel 当前在 Windows 系统上不支持 Android 版本。Windows 用户应该下载已经构建好的二进制文件。

### 6. 安装 Android NDK 和 SDK

构建 TensorFlow Lite 代码需要 Android NDK。Android NDK Archives 可以从 Android Developers 网站下载。

SDK 工具中有 Android Studio，需要使用 V23 或者更高版本的构建工具。（运行应用程序的设备需要 API 的版本至少为 21。）

可以在根目录的 WORKSPACE 文件中更新 API 等级以及 SDK 和 NDK 的路径。

在根节点中更新 api_level 和 SDK 以及 NDK 的位置。如果在 Android Studio 中打开 SDK Manager，就会看到 SDK 的路径。比如，下面的 SDK 配置方式。

```
android_sdk_repository (
 name = "androidsdk",
 api_level = 27,
 build_tools_version = "27.0.3",
 path = "/Users/coco/Library/Android/sdk",
)
```

Android NDK 的配置方式如下。

```
android_ndk_repository(
 name = "androidndk",
 path = "/home/coco/android-ndk-r14b/",
 api_level = 19,
)
```

在编写本书的时候，NDK Archives 使用的是 android-ndk-r14b-darwin-x86_64.zip。可以根据实际需要调整前面的参数。

现在，可以开始构建源代码了。为了构建示例应用程序，运行 Bazel。

```
bazel build --cxxopt=--std=c++11
 //tensorflow/contrib/lite/java/demo/app/src/main:TfLiteCameraDemo
```

由于一个 Bug，Bazel 现在仅支持 Python 2 的环境。

MobileNet 是新手学习 ML 的一个很好的起点。这个数据库中的模型图片的大小是 299×299 像素。不过，相机捕捉的画面是 224×224 像素，需要重新调整大小以适配模型。在硬盘上每张图片会占 224×224×3 字节，之后这些字节会逐行转换为 ByteBuffer。在这里，数字 3 表示每个像素的 RGB 值。

示例应用程序使用了 TensorFlow Lite 的 Java API，它首先以一张图片作为输入，然后生成这张图片的输出内容。输出内容包含一个二维数组。数组的第一维包含分类索引值，第二维包含分类的置信度。根据这些值，示例应用程序在前端向用户显示排名前三的分类。

## 1.3.6 在 iOS 上使用 TensorFlow Lite

现在，我们将在 iOS 环境下构建相同的应用程序。这个应用程序包含与 Android 版本相同的功能，我们还使用相同的 MobileNet 分类模型。这次将会在真正的 iOS 设备上运行应用程序，使用设备上的拍摄功能。这个应用程序在模拟器上无法正常运行。

### 1. 前提

为了正常使用 XCode，我们需要在官方网站上注册一个 Apple 开发者 ID。这个应用程序还需要一部 iPhone，因为它需要使用相机的功能。另外，还需要在指定的机器上安装配置文件。只有这样，才能在设备上构建并运行设备。

我们需要复制完整的 TensorFlow 仓库，但是运行这个应用程序并不需要完整的源代码。如果已经下载了代码，那么不需要重复下载。

```
git clone https://github.com/tensorflow/tensorflow
```

使用命令行工具安装 XCode，代码如下。

```
xcode-select --install
```

### 2. 构建 iOS 示例应用程序

如果你不熟悉 iOS 应用程序的构建方法，请参考相关教程。为了安装依赖项，首先需要安装 cocoapods。

```
sudo gem install cocoapods
```

下面是一个脚本文件，它的作用是下载运行应用程序所需的模块文件。

```
sh tensorflow/contrib/lite/examples/ios/download_models.sh
```

现在可以进入项目目录，并在命令行中安装 pod。

```
cd tensorflow/contrib/lite/examples/ios/camera
pod install
pod update
```

一旦更新完成，你就会看到 tflite_camera_example.xcworkspace。然后，就可以在 XCode 中打开应用程序。当然，也可以使用下面的命令行完成这个操作。

```
open tflite_camera_example.xcworkspace
```

现在，可以开始在 iPhone 上构建并运行应用程序了。

你需要允许应用程序获得使用相机的权限。使用相机对准某个对象拍照，就会看到分类结果了。

# 1.4　Core ML

Core ML 可以帮助我们构建 iOS 上的 ML 应用程序。

Core ML 使用经过训练的模型，这些模型根据新的输入数据做出预测。比如，如果基于一个地区的历史地价训练过一个模型，那么这个模型可以在已知地点和大小的情况下预测指定的地价。

Core ML 是其他特定领域框架的基础。Core ML 支持的主要框架包括 GamePlayKit（其主要功能就是评估决策树），用于文本分析的**自然语言处理**（Natural Language Processing，NLP），以及基于图片分析的各种框架。

Core ML 构建在加速模块、**基本神经网络子例程**（Basic Neural Network Subroutine，BNNS）以及 Metal 性能着色器（performance shader）上，正如 Core ML 文档中架构图显示的那样。

- 借助加速框架，我们可以执行大规模的数学计算以及基于图片的计算。它针对高性能进行了优化，还包含一些用 C 写的 API，用于数组和矩阵计算、**数字信号处理**（Digital Signal Processing, DSP），以及其他计算。

- BNNS 帮助我们实现了神经网络。通过训练的数据，子例程方法和其他集合对于实现与运行神经网络很有帮助。

- 借助 Metal 框架，可以渲染高级三维图形，并使用 GPU 设备进行并行计算。它包含 Metal 着色语言、MetalKit 框架以及 Metal 性能着色器框架。通过 Metal 性能着色器框架，Core ML 可以借助 GPU 系列的硬件特性提升工作效率。

Core ML 应用程序构建在前面提到的 3 个组件之上，如下图所示。

```
┌─────────────────────────────────────┐
│              应用层                   │
└─────────────────────────────────────┘
┌─────────┐  ┌─────────┐  ┌──────────────┐
│  Vision │  │   NLP   │  │ GamePlay Kit │
└─────────┘  └─────────┘  └──────────────┘
┌─────────────────────────────────────┐
│              Core ML                 │
└─────────────────────────────────────┘
┌─────────────┐      ┌──────────────────┐
│  加速& BNNS  │      │  Metal性能着色器   │
└─────────────┘      └──────────────────┘
```

Core ML 为设备性能进行了优化，占用的内存最少，消耗的功率最小。

## 1.4.1　Core ML 模型转换

要在 iOS 上运行第一个应用程序，不需要构建自己的模型。可以使用任何一个已经存在的优秀的模型。如果已经拥有一个由第三方框架创建的模型，那么可以使用 Core ML Tools Python 包，或者第三方的包，比如，MXNet 转换器或者 TensorFlow 转换器。下载这 3 个工具的网站如下所示。如果你的模型不支持以上 3 个转换器中的任何一个，也可以自己写一个转换器。

> Core ML Tools Python 包的下载地址参见 PyPI 网站。
> TensorFlow 转换器的下载地址参见 GitHub 网站。
> MXNet 转换器的下载地址参见 GitHub 网站。

Core ML Tools Python 包支持从 Caffe v1、Keras 1.2.2+、scikit-learn 0.18、XGBoost 0.6 以及 LIBSVM 3.22 进行的转换。它涵盖了 SVM 模型、树集成、神经网络、广义线性模型、特征工程和管道模型。

可以使用 pip 命令安装 Core ML 工具。

```
pip install -U coremltools
```

### 将自己的模型转换为 Core ML 模型

可以使用 coretools Python 包将已经存在的模型转换为 Core ML 模型。如果要将一个简单的 Caffe 模型转换为 Core ML 模型，可以按照下面的代码进行操作。

```
import coremltools
my_coremlmodel =
    coremltools.converters.caffe.convert('faces.caffemodel')
    coremltools.utils.save_spec(my_coremlmodel, 'faces.mlmodel')
```

模型不同，转换步骤也有差异。可能会添加标签或者输入名称以及模型的结构。

## 1.4.2　iOS 应用程序中的 Core ML

将 Core ML 集成到 iOS 应用程序中非常简单。在 Apple 开发者页面下载一个已经训练好的模型，例如，下载 MobileNet 模型。

下载了 MobileNet.mlmodel 之后，将它添加到项目的 Resources 组中。视觉框架（vision framework）帮助我们将已经存在的图片格式转换为可用于输入的类型。我们可以在下图中看到模型的细节。在接下来的章节里，我们将在已存在模型的基础上创建自己的模型。

下图展示了如何在应用程序中载入模型。

在最近创建的 XCode 项目中打开 ViewController.swift，并导入 Vision 和 Core ML

框架。

```
/**
Lets see the UIImage given to vision framework for the prediction.
The results could be slightly different based on the UIImage conversion.
**/
func visionPrediction(image: UIImage) {
    guard let visionModel = try? VNCoreMLModel(for: model.model) else{
            fatalError("World is gonna crash!")
    }
   let request = VNCoreMLRequest(model: visionModel) { request, error
                                                in
    if let predictions = request.results as? [VNClassificationObservation]
{
 //top predictions sorted based on confidence
 //results come in string, double tuple
    let topPredictions = observations.prefix(through: 5)
 .map { ($0.identifier, Double($0.confidence)) }
    self.show(results: topPredictions)
    }
  }
}
```

通过 Core ML MobileNet 模型载入相同的图片以完成预测。

```
/**
Method that predicts objects from image using CoreML. The only downside of
this method is, the mlmodel expects images in 224 * 224 pixels resolutions.
So we need to manually convert UIImage
into pixelBuffer.
**/
func coremlPrediction(image: UIImage) {
    if let makeBuffer = image.pixelBuffer(width: 224, height: 224),
    let prediction = try? model.prediction(data: makeBuffer) {
    let topPredictions = top(5, prediction.prob)
```

```
        show(results: topPredictions)
    }
}
```

# 1.5　本章小结

现在我们已经基本熟悉了 TensorFlow Lite 和 Core ML 的基础知识。本章涉及的所有代码都能在 GitHub 代码仓库中找到。因为这两个库都是针对移动设备研发的，所以它们都存在一定的限制。这将在后面几章的实时应用程序中深入探讨。

后面的章节将讲述如何基于特定的应用场景开发并训练特定的模型，也会介绍如何在这个基础上构建自己的移动应用程序。做好训练模型并将它应用到自己的移动应用程序上的准备吧！

第 2 章

# 使用 Core ML 和 CNN 预测年龄与性别

在本章中，我们将构建一款 iOS 应用程序，检测拍摄的照片或者用户照片库中人的性别、年龄以及表情。我们将使用一个已经存在的数据模型，它基于 Caffe 机器学习（ML）库构建，目的就是实现上述功能。我们将会把这个模型转换为 Core ML 模型以方便使用。本章还将通过示例应用程序从年龄、性别和表情预测方面讨论卷积神经网络（Convolutional Neural Network，CNN）的工作原理。

这款应用程序在多种使用场景下都很实用。其中一些应用场景如下。

- 通过解析图库中的所有照片来查找你都拍摄了什么类型的照片。

- 了解用户输入的位置（医院、餐厅等）。

- 根据实际捕获的表情寻找正确的营销数据。

- 通过司机的表情让汽车更安全地行驶。

还有很多种应用场景。一旦提高了数据模型的准确率，我们就能找到更多的使用场景。

本章还会介绍下面几个话题：

- 年龄、性别和表情预测；

- CNN；

- 使用 Core ML 实现 iOS 应用程序。

## 2.1　年龄和性别预测

本章将介绍一款使用 Core ML 模型预测照片或者照片里人物的年龄和性别的完整 iOS 应用程序，

Core ML 不仅能让开发者在设备上安装并运行预训练模型，还有别具一格的优点。因为 Core ML 安装在本地设备中，所以它并不需要调用云服务来获得预测结果。它不但缩短了通信延迟，而且节约了数据带宽。Core ML 的另外一个重要优点是隐私性。我们不需要将数据发给第三方服务来获得预测结果。使用离线模型的主要缺点是模型没有办法更新，所以它也没有办法根据新的输入来提升预测效果。进一步讲，一些模型可能会增加内存的占用量，因为移动设备的存储空间是有限的。

在使用 Core ML 的时候，当导入 ML 模型后，XCode 将会帮助你完成剩下的工作。在这个项目中我们将基于 Gil Levi 和 TalHassncer 的几篇论文来构建 iOS 应用程序。论文分别是 "Age and Gender Classification Using Convolutional Neural Networks"（参见 IEEE 网站），IEEE 研讨会上的 **"Analysis and Modeling of Faces and Gestures（AMFG）"**，2015 年波士顿的 IEEE 会议上的 **"Computer Vision and Pattern Recognition"**（CVPR）。

本书中这个项目的开发环境是 MacBook Pro 计算机，在 macOS High Sierra 版本的操作系统中，XCode 的版本是 9.3。在社交媒体平台的应用程序上，年龄和性别预测是一个常见的功能。有很多算法可以对年龄和性别进行预测与分类，这些算法还在不断进行性能优化。在本章中，我们将使用深度 CNN 完成分类操作。

可以在 GitHub 网站上找到本章开发的应用程序。在本章中我们将在应用程序里使用 Adience 数据库。该数据库可以在 GitHub 网站中找到。

## 2.1.1　年龄预测

根据给定的照片预测年龄，有多种方法。早期主要使用计算面部属性测量值之间比率的方法，这些属性包含眼睛、鼻子、嘴巴等。根据面部器官的大小和距离计算出相应的属性之后，就会计算出对应的比率，年龄的分类将会使用基于规则的引擎。现在，面临一个问题：当无法获得人脸正面照的时候，这个方法就不可行，但是我们在社交平台上看到的大头照很多都不是正面照。

通过很多种方法可以预测面部特征并对面部特征进行分类。其中一个方法是**高斯混合模型**（Gaussian Mixture Model，GMM），它主要用于表示面部块（facial patch）的分布。其他方法是超向量以及**隐马尔可夫模型**（Hidden Markov Model，HMM），它表示面部块的分布。性能最好的是**局部二元模式**（Local Binary Pattern，LBP），以及**支持向量机**（Support Vector Machine，SVM）分类器。

## 2.1.2　性别预测

早期的性别预测使用的是神经网络。图像增强（image intensity）和面部 3D 结构可用于预测性别。SVM 分类器可用于图像增强。

由于本书后面所有 iOS 应用程序的制作都要经过一个通用的步骤，因此先介绍配置文件的签名和配置。其中一个非常流行的基准（benchmark）是 FERET 基准，它使用强度、形状和特征给出近乎完美的性能解决方案。本应用程序的数据集使用了一个复杂的图形集合，这些图片的拍摄角度不同而且曝光时间的长短也不一样。另外一个很流行的基准称作**户外脸部检查数据库**（Labeled Faces in the Wild，LFW），它使用带 AdaBoost 分类器的**局部二元模式**（Local Binary Pattern，LBP）。

# 2.2 卷积神经网络

神经网络最早的应用之一是**光学字符识别**（Optical Character Recognition，OCR），但是当训练大型网络的时候，神经网络会面临时间、计算资源等问题。

CNN 是一个前馈神经网络（Feedforward Neural Network），它受生物过程的影响。CNN 与大脑神经元的工作方式类似，有像神经元一样相互连接的组织方式。这些神经元会对刺激做出反应，这些反应仅作用于视野中的特定区域，这些区域称为**感受野**（receptive field）。当多个神经元相互重叠的时候，它们就会覆盖整个视野。下图展示了 CNN 的架构。

输入图像　　卷积层1　　卷积层2　　卷积层3　　全连接层1　　全连接层2　　输出　　面部标签

CNN 有一个输入层、一个输出层以及多个隐藏层。这些隐藏层包含池化层（pooling layer）、卷积层（convolutional layer）、归一化层（normalization layer）以及全连接层（fully connected layer）。卷积层将会对输入执行卷积操作，然后将结果传到下一层。这个过程模拟了神经元对外界刺激的反应。每个神经元都有一个对应的感受域。深度 CNN 已经应用在各种各样的应用程序之中，比如，面部特征检测、行为分类、语音识别等。

## 2.2.1 发现模式

识别给定的图片是否包含数字 0 的一个简单方法是首先将包含所有数字的图片按序排好，然后逐个与给定的图片进行对比，从而确认图片是否包含数字 0。这将是一个棘手并冗繁的过程，因为计算机主要执行数学计算。除非图库中有一张图片与给定图片的相似度十分高，否则我们将无法找到匹配的图片。从计算机的角度讲，可以将一张图片看作一个记录了每个位置像素值的二维数组。下图展示了包含数字 0 的例子。

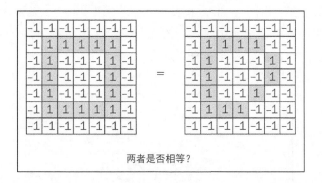

上图中，左边的图片是图库中的一张图片，右边的图片是输入的图片，右图有一些变形，像手写的数字 0。为了确认两张图片是否一致，计算机将会尝试匹配所有的像素值。然而，只要有一个点在像素级别不匹配，就无法识别出数字 0。这里，我们就需要 CNN 的帮助了。

## 2.2.2 找出图片中的特征值

下图是一张包含大写字母 X 的图片。当在系统中输入一张新图片的时候，CNN 并不知道它是否满足特征值。所以，它将会尝试在整张图片上匹配特征模型。下面展示如何构建一个过滤器。

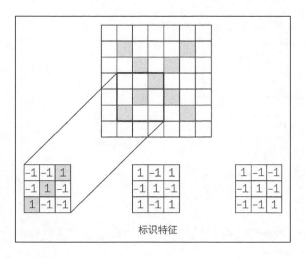

这里应用的数学逻辑称为**卷积**（convolution）。为了计算图片的某个部分与特征的匹配度，将特征对应的像素值与图片中对应的像素相乘。为了得到一个最终值，首先将所有值加在一起，然后除以像素的总个数。

如果两个像素的颜色相同（用 1 来表示），那么 1×1=1（见下图）；如果两个像素的颜色不相同，那么（−1）×（−1）=1。在最终的结果里，每个匹配的像素对应的最终值都是 1，每个不匹配的像素对应的最终值都是−1。

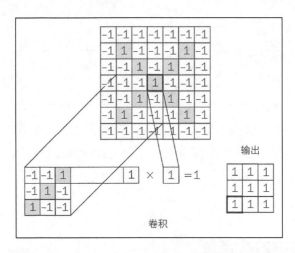

为了完成卷积的计算过程，应将特征网格移动到图像块上。如下图所示，将 3×3 的特征网格移动到 7×7 像素的图像上。这样就得到了一个 5×5 的数组。在最终结果的网格中，值越接近 1 表示越接近特征值，值越接近 0 表示与特征值越不匹配，值越接近−1 表示越背离最终特征值。

| -1 | -1 | -1 | -1 | -1 | -1 | -1 |
|----|----|----|----|----|----|----|
| -1 | -1 | -1 | -1 | -1 | -1 | -1 |
| -1 | -1 | -1 | -1 | -1 | -1 | -1 |
| -1 | -1 | -1 | -1 | -1 | -1 | -1 |
| -1 | -1 | -1 | -1 | -1 | -1 | -1 |
| -1 | -1 | -1 | -1 | -1 | -1 | -1 |
| -1 | -1 | -1 | -1 | -1 | -1 | -1 |

×

| 1 | -1 | -1 |
|---|----|----|
| -1 | 1 | -1 |
| -1 | -1 | 1 |

=

| 0.77 | -0.11 | 0.33 | -0.11 | 0.33 |
|------|-------|------|-------|------|
| -0.11 | 1 | -0.33 | 0.11 | -0.11 |
| 0.33 | -0.33 | 0.56 | -0.33 | 0.33 |
| -0.11 | 0.11 | -0.33 | 1 | -0.11 |
| 0.33 | -0.11 | 0.33 | -0.11 | 0.77 |

接下来，针对其他特征值，重复执行卷积的计算过程。这就会得到过滤后的图片——每

个特征值都有一个对应的过滤器。在 CNN 中,它称为**卷积层**(convolution layer),然后会把一些附加层添加在它上面。

这也就是 CNN 计算量大的原因。上面的例子显示了一张 7×7 像素的图片经过卷积运算后得到了一个 5×5 的数组。然而,一张正常的图片至少有 128×128 像素。计算量将会根据特征数量以及每个特征的像素数量的增长而线性增长。

## 2.2.3 池化层

另外一个能够提升处理效率的过程称作**池化**(pooling)。在池化层中,将会压缩大图,但是会保证主要特征信息一致。这使用一个窗口在图片上滑动,并找出每个窗口中的最大值。在典型的池化层中,在一侧通常使用 2 或者 3 像素的窗口(见下图),不过使用 2 像素的步长也可以。

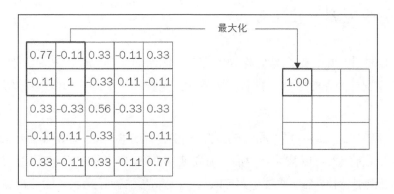

经过池化过程之后,图片的大小将会缩小 1/4。每个值保存的是每个窗口中的最大值。最大值也保存了每个窗口中最强的特征。池化过程表明它并不关心特征是否完全匹配,只要能满足一部分特征即可。借助池化的帮助,CNN 可以识别一张图片中的特征,而不用担心这个特征在图片的哪个部分。使用这种方法,计算机也不用担心文字书写是否规范。

在池化层的最后,将一张 1000 万像素的图片压缩为 200 万像素,会显著帮助我们提升后面几个过程的处理速度。

## 2.2.4 ReLU 层

**修正线性单元**(Rectified Linear Unit,ReLU)层背后的逻辑非常简单,它会将所有的负值都替换为 0（见下图）。因为避免了负值的出现，所以让 CNN 中的数学计算更简单。

在这个过程中，图的大小没有发生改变。我们将会得到相同大小的输出，只不过负值都会被替换为 0。

## 2.2.5  局部响应归一化层

在生物大脑的功能中，这个概念称为侧抑制（lateral inhibition）。侧抑制指的是受到刺激的神经元抑制周围神经元的能力。我们的主要任务是找到一个局部峰值，由此找到临近的最大值。

当处理 ReLU 神经元的时候，**局部响应归一化**（Local Response Normalization，LRN）层非常有用。ReLU 神经元可以被无限激活，需要使用 LRN 层来将它们归一化。为了达到这个目的，我们需要识别高频特征。通过应用 LRN 层，受刺激的神经元比周围的神经元更加敏感。LRN 层通常用在 ImageNet ConvNet 过程中，前面的文献中已提到过。

不过，在最近要构建的实时应用程序中，LRN 层的贡献非常小，所以这里不太强调这个层。

## 2.2.6  dropout 层

从语义上说，dropout 层用于随机丢弃一些数据单元。这就意味着在向前通道中消除了下游神经元的影响，并且在向后通道中没有权重值。如果在训练过程中遗失了一些神经元，那么其他神经元会尝试预测遗失的神经元的权重值。使用这种方法，神经元会减小对特定权重的神经元的影响。我们这样做是为了避免过拟合（overfitting）。

### 2.2.7 全连接层

在全连接层中，使用高等级的层作为输入，而输出结果则由投票决定。比如，我们想要确定输入的图片是否包含字母 a 或者 b。在这一步中，输入内容以一个列表呈现，而不是一个二维数组。下图展示了全连接层的示例。

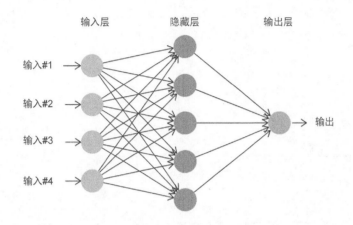

列表中的每个值都对应一个投票值，以决定输入值是否包含字母 a 或者 b。一些值会帮助我们确认给定转入是否包含字母 a，还有一些值会帮助我们识别它是否包含字母 b。这些特定的值会得到比其他值更高的票数。投票值表示为值与每个输入分类之间的权重。CNN 会深入到输入图像的底层，直到它找到全连接层。最终结果就是票数最多的值，该值将会作为输入的分类。

现在回到我们的应用场景。

### 2.2.8 使用 CNN 完成年龄和性别预测

当尝试准备年龄和性别预测的数据库时，我们可能会遇到一些问题。使用海量的社交媒体图片创建一个数据库可能需要很多私人的数据，这样做不符合我们的要求。我们可以使用大多数已经存在的模型，当然，它们有自己的局限性。类似地，拟合也需要慎重，因为这是 CNN 中的一个常见问题。

#### 1. 架构

这里的应用程序架构包含 3 个卷积层、两个全连接层以及少量的神经元。

下图是 CNN 的流程以及整个流程中的所有组件。

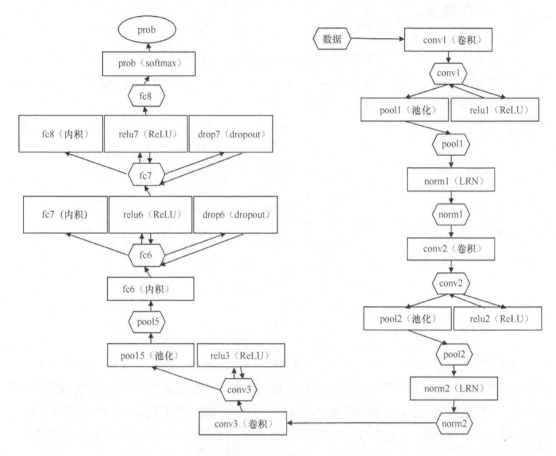

　　颜色通道（红、绿、蓝）会由网络单独和直接处理。每当获得一张输入图片时，图片的尺寸将会缩放到 256×256 像素。然后，把经过剪裁的 227×227 像素的图片提供给网络。

　本章开发的应用程序基于 ImageNet 分类器，它使用了 120 万张图片。论文 "Alexnet-2012 Imagenet Classification with Deep Convolutional Neural Networks" 可以在 NIPS 网站中找到。

接下来，按照下面的步骤定义 3 个子卷积层。

- 在第一个卷积层中，首先将会把 96 个由 3×7×7 像素组成的过滤器应用到经过处理的 227×227 像素的图片上。后面有一个 ReLU 和一个池化层。LRN 会取 3×3 个区域中的最大值，每个区域的大小为 2×2 像素。最终的输出将是 96×28×28 像素的图片。

- 在第二个卷积层中，将会把 256 个由 96×5×5 像素组成的过滤器应用到经过第一层处理的图片上。后面有一个 ReLU、一个池化层和一个 LRN 层。这一步输出的图片大小将会是 256×14×14 像素。

- 在第三个卷积层中，将会把 384 个由 256×3×3 个像素组成的过滤器应用到经过第二层处理的图片上。后面有一个 ReLU 和一个池化层。

- 第一个全连接层由 512 个神经元组成。后面有一个 ReLU 和一个 dropout 层。

- 第二个全连接层也由 512 个神经元组成。后面有一个 ReLU 和一个 dropout 层。

- 第三个全连接层会根据年龄和性别的分类映射到最终区域中。在最终层，将会应用一个 softmax 函数，由此更好地得到最可能的分类。

**2. 训练网络**

下面是构建这个模型使用的数据集的详情。

- **照片总数**是 26580。

- **主题总数**是 2284。

- **年龄组/标签的数量**是 8（0~2，4~6，8~13，15~20，25~32，38~43，48~53，大于或者等于 60）。

- **性别标签**是 Yes。

**初始化数据集**

所有层的权重都使用了随机值，并将标准偏差维持在 0.01。使用之前提到的训练数据集来训练网络。训练的最终结果（用二进制数组的形式来表示）对应于真正的分类。这个结果带有与年龄组分类相适应的标签，以及与之关联的正确性别分类。

# 2.3   在 iOS 上使用 Core ML 实现应用程序

现在，回到与应用程序代码相关的部分。这里的模型使用了 Caffe 深度学习框架，它由**伯克利人工智能研究**（Berkeley AI Research，BAIR）团队和社区共同开发。首先，要将已经存在的 Caffe 模型转换为应用程序中可以使用的 Core ML 模型。

```
//Downloading Age and Gender models
wget
 http://www.openu.ac.il/home/hassner/projects/cnn_agegender/cnn_age_gen
      der_models_and_data.0.0.2.zip
unzip -a cnn_age_gender_models_and_data.0.0.2.zip
```

然后，进入解压后的文件夹，将模型转换为 Core ML 模型。

```
import coremltools

folder = 'cnn_age_gender_models_and_data.0.0.2'

coreml_model = coremltools.converters.caffe.convert(
 (folder + '/age_net.caffemodel', folder + '/deploy_age.prototxt'),
  image_input_names = 'data',
  class_labels = 'ages.txt'
)


coreml_model.save('Age.mlmodel')
```

对于性别模型也要进行类似的操作。为了开展工作，创建第一个 Core ML 应用程序。

首先，在初始化界面选择 **Single View App**，如下图所示。

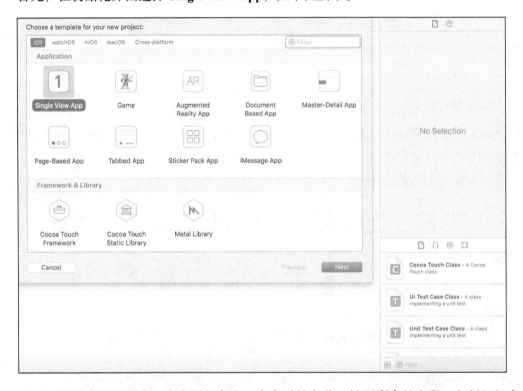

在下一页的向导界面中，为应用程序取一个合适的名称。填写剩余的字段，包括组织名称以及标识符。因为在这个应用程序中将会使用核心数据，所以需要勾选 Use Core Data 复选框。

然后，在 XCode 中创建一个新的应用程序。下图展示了如何在 XCode 中创建新项目。

当选择了应用程序将要保存的位置之后，就可以看到刚创建的应用程序的基本信息，如下图所示。

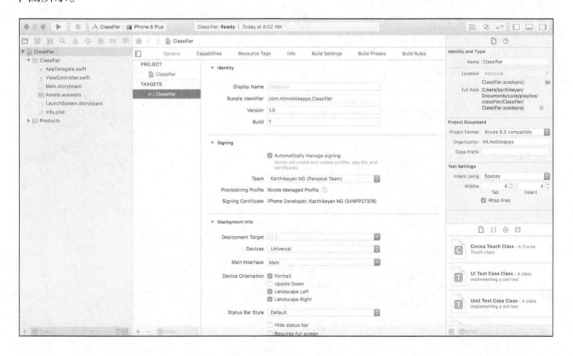

之后，创建一个控制器，使用这个控制器可以在移动设备的相册中或者相机中选择合适的图片。

下面的代码块为图像选择器创建了控制器。

```swift
import UIKit

open class ImageClassificationController<Service:
        ClassificationServiceProtocol>: UIViewController,
        PhotoSourceControllerDelegate, UINavigationControllerDelegate,
        UIImagePickerControllerDelegate {
            /// View with image, button and labels
    public private(set) lazy var mainView =
                        ImageClassificationView(frame: .zero)
    /// Service used to perform gender, age and emotion classification
    public let classificationService: Service = .init()
    /// Status bar style
    open override var preferredStatusBarStyle: UIStatusBarStyle {
    return .lightContent
 }
// MARK: - View lifecycle
 open override func viewDidLoad() {
    super.viewDidLoad()
    mainView.frame = view.bounds
    mainView.button.setTitle("Select a photo", for: .normal)
    mainView.button.addTarget(self, action:
#selector(handleSelectPhotoTap), for: .touchUpInside)
    view.addSubview(mainView)

    mainView.setupConstraints()
        classificationService.setup()
    }

    open override func viewDidLayoutSubviews() {
        super.viewDidLayoutSubviews()
```

```swift
        mainView.frame = view.bounds
    }
// MARK: - Actions
/// Present image picker
@objc private func handleSelectPhotoTap() {
let sourcePicker = PhotoSourceController()
sourcePicker.delegate = self
present(sourcePicker, animated: true)
}


// MARK: - PhotoSourceControllerDelegate
public func photoSourceController(_ controller: PhotoSourceController,
  didSelectSourceType sourceType: UIImagePickerControllerSourceType) {
let imagePicker = UIImagePickerController()
imagePicker.delegate = self
imagePicker.allowsEditing = true
imagePicker.sourceType = sourceType
present(imagePicker, animated: true)
}


// MARK: - UIImagePickerControllerDelegate
public func imagePickerController(_ picker: UIImagePickerController,
        didFinishPickingMediaWithInfo info: [String : Any]) {
let editedImage = info[UIImagePickerControllerEditedImage] as? UIImage
guard let image = editedImage, let ciImage = CIImage(image: image) else {
print("Can't analyze selected photo")
return
}


DispatchQueue.main.async { [weak mainView] in
mainView?.imageView.image = image
mainView?.label.text = ""
}
```

```
picker.dismiss(animated: true)

// Run Core ML classifier
 DispatchQueue.global(qos: .userInteractive).async { [weak self] in
 self?.classificationService.classify(image: ciImage)
 }
 }
 }
```

在控制器中，一旦选择了图片，就会将这张图片传给下一页。在下一页中，会将图片进行分类。图片选择器如下图所示。

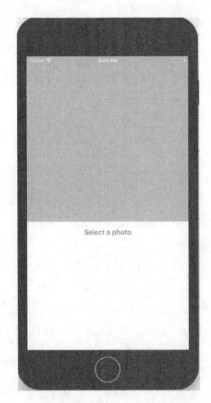

现在，添加图片源选择器，这样用户就可以在相册或者相机中选择图片了。

```
import UIKit

/// Delegate protocol used for `PhotoSourceController`
 public protocol PhotoSourceControllerDelegate: class {
```

```
/// Sent to the delegate when a photo source was selected
func photoSourceController(_ controller: PhotoSourceController,
didSelectSourceType sourceType: UIImagePickerControllerSourceType)
}


/// Controller used to present a picker where the user can select a
/// source for a photo
public final class PhotoSourceController: UIAlertController {
/// The controller's delegate
public weak var delegate: PhotoSourceControllerDelegate?
public override func viewDidLoad() {
super.viewDidLoad()
addAction(forSourceType: .camera, title: "Snap a photo")
addAction(forSourceType: .savedPhotosAlbum, title: "Photo Album")
addCancelAction()
}
}


// MARK: - Actions


private extension PhotoSourceController {
func addAction(forSourceType sourceType:
UIImagePickerControllerSourceType, title: String) {
let action = UIAlertAction(title: title, style: .default) { [weak
self] _ in
guard let `self` = self else {
return
}
self.delegate?.photoSourceController(self, didSelectSourceType:
sourceType)
}
addAction(action)
}
```

```
func addCancelAction() {
 let action = UIAlertAction(title: "Cancel", style: .cancel, handler:
                            nil)
 addAction(action)
 }
}
```

当用户单击 **Select a photo** 时，就会弹出一个菜单，其中包括 3 个选项，分别是 **Snap a photo** 选项（表示用相机拍照），**Photo Album** 选项（表示从用户的相册中选择图片），以及 **Cancel** 选项，如下图所示。

最后一个任务是为图像选择菜单中的选项添加对应的行为。一旦选中了图片，就会调用对应的方法来从模型中获取结果。

下面的代码块用于在按钮中添加对应的行为。

```
extension ViewController: ClassificationServiceDelegate {
 func classificationService(_ service: ClassificationService,
 didDetectGender gender: String) {
  append(to: mainView.label, title: "Gender", text: gender)

 }


func classificationService(_ service: ClassificationService, didDetectAge
age: String) {
  append(to: mainView.label, title: "Age", text: age)

 }


func classificationService(_ service: ClassificationService,
didDetectEmotion emotion: String) {
  append(to: mainView.label, title: "Emotions", text: emotion)

 }


/// Set results of the classification request
 func append(to label: UILabel, title: String, text: String) {
 DispatchQueue.main.async { [weak label] in
 let attributedText = label?.attributedText ?? NSAttributedString(string:
"")
 let string = NSMutableAttributedString(attributedString: attributedText)
 string.append(.init(string: "\(title): ", attributes: [.font:
UIFont.boldSystemFont(ofSize: 25)]))
 string.append(.init(string: text, attributes: [.font:
UIFont.systemFont(ofSize: 25)]))
 string.append(.init(string: "\n\n"))
label?.attributedText = string
 }

 }
```

这里给出的方法首先将会使用分类服务获得图片中人物对应的性别、年龄和表情，然后
将这些信息显示在 UI 上。最终结果可能不是 100%准确的，因为使用的模型是运行在本机上
的。下图显示了应用程序的完整功能，以及图片中的相关信息。

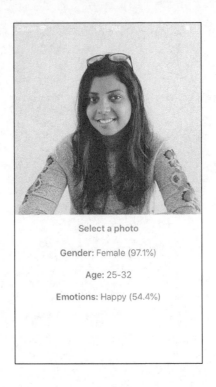

## 2.4 本章小结

本章讨论了如何从头开始构建完整的 iOS 应用程序，还介绍了如何将 Caffe 模型转换为 Core ML 模型。现在我们知道了如何将 Core ML 模型导入 iOS 应用程序中，并使用这个模型获得对应的预测结果。使用这种方式，因为不用访问互联网所以节约了网络带宽，同时所有的数据依然在本地设备上（避免了出现隐私泄露的问题）。

在下一章中，根据已经学习的知识，我们将构建一个应用程序，它可以使用神经网络对已经存在的图片进行艺术化处理。

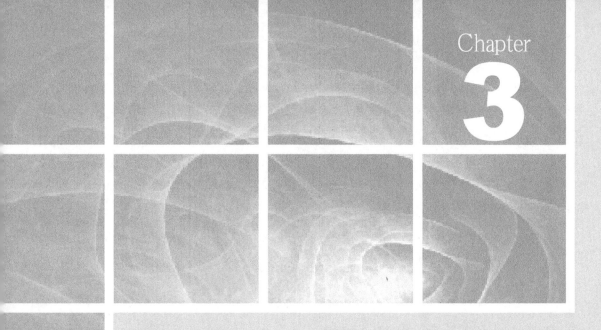

Chapter

**3**

第 3 章

# 在照片上应用
# 艺术神经风格迁移

在本章中，我们将构建一款完整的 iOS 和 Android 应用程序，它们会在已有的图片上应用类似于 Instagram 应用程序风格的图像转换。在这个应用程序中，我们将会借助于 TensorFlow 再次使用 Core ML 和 TensorFlow 模型。为了完成这个工作，我们将会进行一些小的改动。

艺术化处理最佳的使用场景是一款名为 **Prisma** 的图片编辑应用。在这款应用中，可以使用神经网络将图片转换为画作。可以将一张图片转换成看上去像是经过 Picasso 或者 Salvador Dali 处理的艺术形式。

本章介绍的主要内容有：

- 艺术神经风格迁移（Artistic Neural Style Transfer）；
- 使用神经风格迁移构建应用程序。

# 3.1  艺术神经风格迁移

图像变换一般是通过快速的风格迁移实现的。在实现移动应用程序之前，首先了解一下风格迁移的工作原理。每个人都喜欢看到自己的作品具有艺术风格。艺术神经迁移可以使我们看到自己的图片变为一种艺术风格的图片，其中也包含了自己的风格和内容，从而获得一种独一无二的视觉体验。在此之前，还没有基于 AI 的系统能胜任这样的工作。

下图中的示例展示了如何将一种艺术风格应用于普通的图片上。

本章中创建的应用程序将会基于与上图类似的系统的实现方式。多篇已发表的论文证明了该系统近似人类的人脸和物体识别能力。深度神经网络有助于通过人工方式实现人类视觉。这个应用程序使用的算法实现了深度神经网络，深度神经网络创建了高视觉质量的图片。神经网络用于对用户输入的图形的内容与风格进行拆分和重新排列。通过这种方法，它提供了创建艺术图片的神经逻辑。

本项目基于 arXiv 网站上的论文 "A Neural Algorithm of Artistic Style" 以及 GitHub 上的 TensorFlow CNN for fast style transfer 项目。在近似人类的面部识别方面的另一篇论文 "DeepFace: Closing the Gap to Human-Level Performance in Face Verification" 可以参见 IEEE 网站。

## 3.1.1 背景

在神经网络中，**卷积神经网络**（Convolutional Neural Network，CNN）是图像分类、对象检测、人脸识别等领域中广泛使用的一种技术。典型的 CNN 算法以一张图片（转换为数组形式）作为输入，生成与分类相关的输出。比如，人类头像用 256×256×3（长×宽×维度）的矩阵数组表示。这里，3 表示 RGB 值。

在传统的转换算法中，更多的注意力将会放在对象识别上。在 CNN 的处理层级中，随着处理等级的提升，对象信息在更高的层级上会显得更加清晰。在处理过程中每个层级的转换都会提高对象识别能力，方法是通过寻找图片中的实际内容，而不是计算详细的像素值。在 CNN 的处理过程中，高层级往往代表识别的对象和它们的排列方式，而低层级则代表更深层次像素值的信息，这些信息可重新生成图片。

如下图所示，为了找到输入图片的风格，我们设计了一个特征空间（feature space）以帮助捕获与文本相关的信息。这个空间基于网络中每一层的过滤器响应，同时多个层级包含功能相关性，以帮助我们构建输入图片在不同缩放尺寸下的多个变体。通过这种方法，特征空间就能捕获文本信息，而不用对对象进行全局性的重新排列。

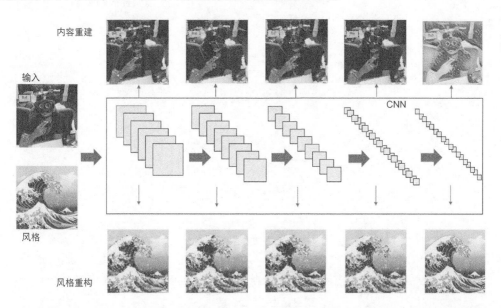

上图描述了应用在每一步的 CNN 处理过程和过滤器。过滤器的数量随着被过滤图片尺寸的减少而增长。图片尺寸的减少可以通过向下采样（down-sampling）机制（如池化技术）来完成。在 CNN 的各个层级中，根据网络的输入，图片可以在特定阶段重构。在 CNN 的各个处理阶段，这些信息也可以直观地显示。这通过重构输入的图片来完成，重构的过程基于特定层的响应。如上图所示，在每个阶段都可以重新生成内容，而不用等到最后一步。下一节介绍**视觉几何组**（Visual Geometry Group，VGG）网络数据集。

## 3.1.2　VGG 网络

VGG 网络可以检测给定输入图片中的 1000 个对象。输入图片的规格是 224×224×3（3 代表 RGB 值）。它由 16 个 3×3 的卷积层构建而成。同时，在 VGG 网络中，排名第一的准确率为 70.5%，排名第五的准确率为 90%。

### VGG 网络中的层

VGG 网络中有 16 层，它们的构成如下图所示。

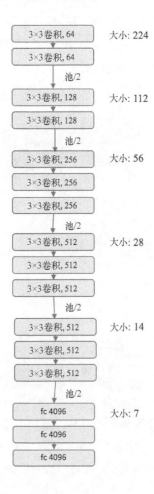

预训练的 VGG TensorFlow 模型可以在多伦多大学官网上找到。

使用风格特征输出在每一层上捕获的信息来可视化和构建图像。可以根据局部结构和颜色找到纹理化的图片。就像前面的图片展示的那样，局部化图像结构的复杂性和可视化随着层级的增长而增加，但是像素清晰度变低了。

神经风格迁移表明 CNN 中的风格和内容是可以分离的，从而使我们能够处理和产生有意义的输出。神经风格迁移使用的示例是一张照片的内容表示，该照片展示了来自不同艺术时期的几幅著名画作，如下图所示。

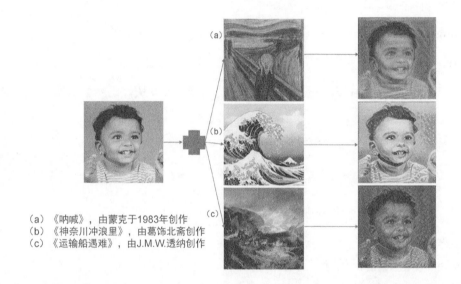

(a) 《呐喊》，由蒙克于1983年创作
(b) 《神奈川冲浪里》，由葛饰北斋创作
(c) 《运输船遇难》，由J.M.W.透纳创作

当然，图像内容和风格无法完全独立。当应用 CNN 时，一幅图像的内容是用另一幅图像的风格来处理的，在这个风格中，我们不会看到一幅匹配这两个约束的完美图像。我们可以在内容和风格之间进行权衡，从而创建出引人入胜的输出图像。

在这里的例子中，我们使用了知名的绘画作品进行渲染。这种方法称为**非真实渲染**（Non-Photorealistic Rendering）。

# 3.2　构建应用程序

现在，开始进入本章的应用程序构建环节。当开始构建应用程序时，我们将在预先训练的模型上使用快速风格迁换。也可以使用自定义模型，然后加以调整，让应用程序能在 iOS

平台上运行。

 在 GitHub 网站上搜索 Neural Style Transfer 和 yining1023 即可查看使用 TensorFlow 的风格迁换实现。

因此，在这里，我们将使用 TensorFlow-to-Core ML 库的 1.1.0+版本。这个库参见 GitHub 网站，它的依赖项如下。

- TensorFlow $\geqslant$ 1.5.0

- coremltools $\geqslant$ 0.8

- Numpy $\geqslant$ 1.6.2

- protobuf $\geqslant$ 3.1.0

- six $\geqslant$ 1.10.0

要获得最新版本的 TensorFlow-to-Core ML 转换器，可以从代码库中复制，然后安装，代码如下。

```
git clone https://github.com/tf-coreml/tf-coreml.git
cd tf-coreml
pip install -e
```

当然，也可以用下面的命令进行安装。

```
python setup.py bdist_wheel
```

要安装 PyPI 包，需要运行下面的命令。

```
pip install -U tfcoreml
```

现在，开始构建过程。因为快速风格迁移不适用于生产级应用程序，所以这是必需的。

（1）需要计算出图的输出节点的名称。TensorFlow 会自动生成节点名称，只需要在 evaluate.py 脚本中输出 net 就可以获得节点名称。使用下面的代码块实现节点名称的输出。

```
# function ffwd,line 93
# https://github.com/lengstrom/fast-style-
transfer/blob/master/evaluate.py#L93
preds = transform.net(img_placeholder)
# Printing the output node name
print(preds)
```

（2）运行脚本查看输出结果。在这里可以使用提前训练好的 wave 模型。下面的代码块会显示输出节点的名称。

```
$ python evaluate.py --checkpoint wave.ckpt --in-path inputs/ --
out-
  path outputs/


> Tensor("add_37:0", shape=(20, 720, 884, 3), dtype=float32,
  device=/device:GPU:0)
```

这里输出节点的名称非常重要，名称为 add_37。它的意思是网络中最后一个没有名称的操作符是加号，就像前面代码块中显示的那样。

```
#https://github.com/lengstrom/fast-style-transfer/blob/master/src/
transform.py#L17
preds = tf.nn.tanh(conv_t3) * 150 + 255./2
```

（3）对 evaluate.py 进行一些修改，然后将图保存在硬盘上。

```
#https://github.com/lengstrom/fast-style-transfer/blob/master/
evaluate.py#L98
if os.path.isdir(checkpoint_dir):
    ckpt = tf.train.get_checkpoint_state(checkpoint_dir)
    if ckpt and ckpt.model_checkpoint_path:
        saver.restore(sess, ckpt.model_checkpoint_path)
        ########## for pre-trained models ##########
        frozen_graph_def =
tf.graph_util.convert_variables_to_constants(sess,sess.graph_def,
                                    ['add_37'])
        with open('output_graph.pb', 'wb') as f:
            f.write(frozen_graph_def.SerializeToString())
        ####################################################
    else:
        raise Exception("No checkpoint found...")
else:
        saver.restore(sess, checkpoint_dir)
        ########## for custom models ##########
```

```
        frozen_graph_def =
tf.graph_util.convert_variables_to_constants(sess,sess.graph_def,
                                        ['add_37'])

    with open('output_graph.pb', 'wb') as f:
        f.write(frozen_graph_def.SerializeToString())

    ########################################################
```

（4）在模型上运行 evaluate.py，完成图文件的保存工作。

```
$ python evaluate.py --checkpoint wave/wave.ckpt --in-path inputs/
-

        -out-path outputs/ --device "/cpu:0" --batch-size 1
```

最后，会在输出结果中得到名为 output_graph.pb 的文件。接下来，我们就可以进入 Core ML 转换部分了。

## 3.2.1　TensorFlow-to-Core ML 转换

TensorFlow-to-Core ML 转换使用 tf-coreml 库完成。

 可在 GitHub 网站中搜索 TensorFlow-to-Core ML 转换库。

将 TensorFlow 模型转换为 Core ML 模型需要 3 个步骤。

（1）上一节中生成的文件（output_graph.pb）需要支持 power。Apple 的 Core ML 工具提供了一元转换，这种转换支持 power。我们需要将如下代码添加到 TensorFlow 的实现中。

```
# tfcoreml src


# file1 : _interpret_shapes.py


# in the _SHAPE_TRANSLATOR_REGISTRY we need to add the Pow
operation
_SHAPE_TRANSLATOR_REGISTRY = {
    ... previous keys ...

    # add this:
```

```
        'Pow': _identity,
}


# file 2: _ops_to_layers.py


# in the _OP_REGISTRY to add the Pow operation
_OP_REGISTRY = {
    ... previous keys ...

    # add this:
    'Pow': _layers.pow
}


# file 3: _layers.py


# in the _layers we need to define the conversion
def pow(op, context):
    const_name = compat.as_bytes(op.inputs[1].name)
    const_val = context.consts[const_name]
## Note: this is .5 here, you can play around with this
    input_name = compat.as_bytes(op.inputs[0].name)
    output_name = compat.as_bytes(op.outputs[0].name)
    context.builder.add_unary(output_name, input_name, output_name,
                              'power', alpha=const_val)
    context.translated[output_name] = True
```

（2）创建并运行转换脚本。

```
import tfcoreml as tf_converter
tf_converter.convert(tf_model_path = 'output_graph.pb',
                     mlmodel_path = 'model_name.mlmodel',
                     output_feature_names = ['add_37:0'],
                     image_input_names = ['img_placeholder__0'])


$ python convert.py
```

到目前为止，Core ML 转换器还未提供从一个模型中输出图片的能力。

（3）在模型上（`own_model.mlmodel`）运行上一步的输出转换脚本。

```python
import coremltools

def convert_multiarray_output_to_image(spec, feature_name,
                                       is_bgr=False):
    """
    Convert an output multiarray to be represented as an image
    This will modify the Model spec passed in.
    """



    for output in spec.description.output:
        if output.name != feature_name:
            continue
        if output.type.WhichOneof('Type') != 'multiArrayType':
            raise ValueError("%s is not a multiarray type" %
                             output.name)
        array_shape = tuple(output.type.multiArrayType.shape)
        channels, height, width = array_shape
        from coremltools.proto import FeatureTypes_pb2 as ft
        if channels == 1:
            output.type.imageType.colorSpace =
                ft.ImageFeatureType.ColorSpace.Value('GRAYSCALE')
        elif channels == 3:
            if is_bgr:
                output.type.imageType.colorSpace =
                    ft.ImageFeatureType.ColorSpace.Value('BGR')
            else:
                output.type.imageType.colorSpace =
                    ft.ImageFeatureType.ColorSpace.Value('RGB')
        else:
            raise ValueError("Channel Value %d not supported for
                             image inputs" % channels)
        output.type.imageType.width = width
```

```
        output.type.imageType.height = height


model = coremltools.models.MLModel('own_model.mlmodel')

spec = model.get_spec()

convert_multiarray_output_to_image(spec,'add_37__0',is_bgr=False)

newModel = coremltools.models.MLModel(spec)

newModel.save('wave.mlmodel')
```

然后，运行下面的代码。

```
$ python output.py
```

现在，我们有了自己的 ML 模型。

## 3.2.2　iOS 应用程序

对于 iOS 应用程序，这里将讨论一些重要的细节。

（1）将模型导入 XCode 项目中，确保将它们已添加到目标中。

（2）在导入之后，像下面这样初始化模型。

```
private let models = [

    wave().model,

    udnie().model,

    rain_princess().model,

    la_muse().model

]
```

（3）为模型的输入参数创建一个类，MLFeatureProvider.im_placeholder 就是输入参数，输入参数定义在评估脚本中。

```
// StyleTransferInput.swift

// StyleTransfer


import CoreML


class StyleTransferInput : MLFeatureProvider {

    var input: CVPixelBuffer
```

```
var featureNames: Set<String> {
    get {
        return ["img_placeholder__0"]
    }
}
func featureValue(for featureName: String) -> MLFeatureValue? {
    if (featureName == "img_placeholder__0") {
        return MLFeatureValue(pixelBuffer: input)
    }
    return nil
}
init(input: CVPixelBuffer) {
    self.input = input
}
}
```

（4）调用模型获得期望输出。

```
private func stylizeImage(cgImage: CGImage, model: MLModel) ->
CGImage {
    // size can change here if you want, remember to run right
sizes
    in the fst evaluating script
    let input = StyleTransferInput(input: pixelBuffer(cgImage:
                                   cgImage, width: 883, height: 720))

    // model.prediction will run the style model on input image
    let outFeatures = try! model.prediction(from: input)
    // we get the image buffer after
    let output = outFeatures.featureValue(for:
                                   "add_37__0")!.imageBufferValue!
    // remaining code to convert image buffer here .....
}
```

可以直接在 GitHub 仓库中获取本章的代码。

### 3.2.3　Android 应用程序

现在进入使用 TensorFlow 模型构建 Android 应用程序的阶段。在这个例子中，我们将使用 Google 的特征风格迁移提前构建好的模型。

这个应用程序的基本功能与 Instagram 上的过滤器（滤镜）类似。要么使用相机拍一张照片，要么在图库中选择一张已有的照片，然后在照片上应用以上列表中可用的艺术风格迁移。

#### 1．构建模型

这个模型是 TensorFlow 研究项目 **Magenta** 的一部分。该模型主要涉及机器学习在音乐和艺术创作过程中的应用。主要内容是使用强化学习和深度学习开发新的算法。这些算法可以应用在音乐文件和图片上，构建出的工具可以帮助艺术家和音乐家。

 TensorFlow 研究项目的仓库参见 GitHub 网站。

如果你已经下载了 TensorFlow 研究项目的仓库，那么就可以跳过本节关于创建模型的内容，因为仓库中已经包含了模型文件。

风格迁移是将内容图片和样式图片组合在一起生成最终图片的过程。这在 Vincent Dumoulin、Jon Shlens 以及 Manjunath Kudlur 发表的论文 "A Learned Representation for Artistic Style" 中有详细的介绍（参见 arXiv 网站）。

在这里的应用程序中，我们既可以使用已经存在的模型，也可以使用自己构建的模型。为了做到这一点，首先需要构建 Magenta 环境。使用自动化脚本在 Mac 计算机上安装 Magenta 的过程非常简单。如果你想在另外一个环境中搭建 Magenta 环境，请参考 Magenta 项目的安装手册。

要在 Terminal 中安装 Magenta，请运行下面的脚本。

```
curl
  https://github.com/tensorflow/magenta/master/magenta/
        tools/magenta-install.sh > /tmp/magenta-install.sh


bash /tmp/magenta-install.sh
```

现在，打开 Terminal 窗口，然后运行下面的代码。

```
source activate magenta
```

现在，可以开始使用 Magenta 了。

我们有两个已经提前训练好的模型。下面使用名为 **Monet** 的模型。

 可以在 TensorFlow 网站中下载 Monet 模型。

运行下面的命令。

```
$ image_stylization_transform \
    --num_styles=<NUMBER_OF_STYLES> \
    --which_styles="[0,1,2,5,14]" \
    --checkpoint=/path/to/model.ckpt \
    --input_image=/path/to/image.jpg \
    --output_dir=/tmp/image_stylization/output \
    --output_basename="stylized"
```

应该在参数列表中传入正确的模型数字。对于 Monet 来说，这个数字是 10。参数 which_style 指定了一个线性组合的风格列表，这些风格可以应用到单独的图片上。下面是应用 Monet 风格的例子。

```
$ image_stylization_transform \
    --num_styles=10 \
    --checkpoint=multistyle-pastiche-generator-monet.ckpt \
    --which_styles="
            {0:0.1,1:0.1,2:0.1,3:0.1,4:0.1,5:0.1,6:0.1,
            7:0.1,8:0.1,9:0.1}" \
    --input_image=photo.jpg \
    --output_dir=/tmp/image_stylization/output \
    --output_basename="all_monet_styles"
```

## 2. 训练自己的模型

使用自己的风格图片，可以训练自己的模型。这主要分 3 步。

（1）在一个文件夹中准备好自己的风格图片，并下载经过训练的 VGG 模型，下载地址参见 TensorFlow 网站。

```
//Setting up your own images
$ image_stylization_create_dataset \
 --vgg_checkpoint=/path/to/vgg_16.ckpt \
```

```
--style_files=/path/to/style/images/*.jpg \

--output_file=/tmp/image_stylization/style_images.tfrecord
```

（2）开始训练模型。

```
//Training a model
$ image_stylization_train \
 --train_dir=/tmp/image_stylization/run1/train
 --style_dataset_file=/tmp/image_stylization/style_images.tfrecord \
 --num_styles=<NUMBER_OF_STYLES> \
 --vgg_checkpoint=/path/to/vgg_16.ckpt \
 --imagenet_data_dir=/path/to/imagenet-2012-tfrecord
```

（3）评估训练结果。

```
$ image_stylization_evaluate \
 --style_dataset_file=/tmp/image_stylization/style_images.tfrecord \
 --num_styles=<NUMBER_OF_STYLES> \
 --train_dir=/tmp/image_stylization/run1/train \
 --eval_dir=/tmp/image_stylization/run1/eval \
 --vgg_checkpoint=/path/to/vgg_16.ckpt \
 --imagenet_data_dir=/path/to/imagenet-2012-tfrecord \
 --style_grid
```

或者，如果要微调已经存在的模型，请输入以下代码。

```
$ image_stylization_finetune \
 --checkpoint=/path/to/model.ckpt \
 --train_dir=/tmp/image_stylization/run2/train \
 --style_dataset_file=/tmp/image_stylization/style_images.tfrecord \
 --num_styles=<NUMBER_OF_STYLES> \
 --vgg_checkpoint=/path/to/vgg_16.ckpt \
 --imagenet_data_dir=/path/to/imagenet-2012-tfrecord
```

将这些过程组合在一起，就会得到以下代码。

```
# Select an image (any jpg or png).
input_image = 'evaluation_image/hero.jpg'

image = np.expand_dims(image_utils.load_np_image(
                    os.path.expanduser(input_image)), 0)
```

```
checkpoint = 'checkpoints/multistyle-pastiche-generator-monet.ckpt'
             num_styles = 10
# Number of images in checkpoint file. Do not change.
# Styles from checkpoint file to render. They are done in batch, so the #
more rendered, the longer it will take and the more memory will be
# used.These can be modified as you like. Here we randomly select six
# styles.
styles = range(num_styles)
random.shuffle(styles)
which_styles = styles[0:6]
num_rendered = len(which_styles)


with tf.Graph().as_default(), tf.Session() as sess:
    stylized_images = model.transform(
        tf.concat([image for _ in range(len(which_styles))], 0),
        normalizer_params={
            'labels': tf.constant(which_styles),
            'num_categories': num_styles,
            'center': True,
            'scale': True})
    model_saver = tf.train.Saver(tf.global_variables())
    model_saver.restore(sess, checkpoint)
    stylized_images = stylized_images.eval()
    # Plot the images.
    counter = 0
    num_cols = 3
    f, axarr = plt.subplots(num_rendered // num_cols, num_cols,
                                          figsize=(25, 25))
    for col in range(num_cols):
        for row in range( num_rendered // num_cols):
            axarr[row, col].imshow(stylized_images[counter])
            axarr[row, col].set_xlabel('Style %i' % which_styles[counter])
            counter += 1
```

现在，开始构建 Android 应用程序。这个应用程序将使用根据 Magenta 项目中的以下网络代码构建的 TensorFlow 模型。

```python
"""Style transfer network code."""

from __future__ import absolute_import
from __future__ import division
from __future__ import print_function

import tensorflow as tf

from magenta.models.image_stylization import ops

slim = tf.contrib.slim

def transform(input_, normalizer_fn=ops.conditional_instance_norm,
              normalizer_params=None, reuse=False):
  """Maps content images to stylized images.

  Args:
    input_: Tensor. Batch of input images.
    normalizer_fn: normalization layer function. Defaults to
        ops.conditional_instance_norm.
    normalizer_params: dict of parameters to pass to the conditional
                       instance
        normalization op.
    reuse: bool. Whether to reuse model parameters. Defaults to False.

  Returns:
    Tensor. The output of the transformer network.
  """
  if normalizer_params is None:
    normalizer_params = {'center': True, 'scale': True}
  with tf.variable_scope('transformer', reuse=reuse):
    with slim.arg_scope(
```

```
                    [slim.conv2d],
                    activation_fn=tf.nn.relu,
                    normalizer_fn=normalizer_fn,
                    normalizer_params=normalizer_params,
                    weights_initializer=tf.random_normal_initializer(0.0, 0.01),
                    biases_initializer=tf.constant_initializer(0.0)):
        with tf.variable_scope('contract'):
            h = conv2d(input_, 9, 1, 32, 'conv1')
            h = conv2d(h, 3, 2, 64, 'conv2')
            h = conv2d(h, 3, 2, 128, 'conv3')
        with tf.variable_scope('residual'):
            h = residual_block(h, 3, 'residual1')
            h = residual_block(h, 3, 'residual2')
            h = residual_block(h, 3, 'residual3')
            h = residual_block(h, 3, 'residual4')
            h = residual_block(h, 3, 'residual5')
        with tf.variable_scope('expand'):
            h = upsampling(h, 3, 2, 64, 'conv1')
            h = upsampling(h, 3, 2, 32, 'conv2')
            return upsampling(h, 9, 1, 3, 'conv3', activation_fn=tf.nn.sigmoid)
```

我们研究一下使用镜像填充（mirror padding）而不是零填充（zero-padding）实现相同填充的卷积。conv2d 函数的 kernel_size 参数应该是奇数。

```
def conv2d(input_,
           kernel_size,
           stride,
           num_outputs,
           scope,
      activation_fn=tf.nn.relu):
  """
  Args:
  input_: 4-D Tensor input.
  kernel_size: int (odd-valued) representing the kernel size.
  stride: int representing the strides.
  num_outputs: int. Number of output feature maps.
```

```
scope: str. Scope under which to operate.
activation_fn: activation function.
Returns:
4-D Tensor output.
Raises:
ValueError: if `kernel_size` is even.
"""
if kernel_size % 2 == 0:
raise ValueError('kernel_size is expected to be odd.')
padding = kernel_size // 2
padded_input = tf.pad(
input_, [[0, 0], [padding, padding], [padding, padding], [0, 0]],
mode='REFLECT')
return slim.conv2d(
padded_input,
padding='VALID',
kernel_size=kernel_size,
stride=stride,
num_outputs=num_outputs,
activation_fn=activation_fn,
scope=scope)
```

现在，看看相同填充的转置卷积的平滑替换。这个函数首先通过 stride 因子计算最近邻的上采样输入，然后应用一个镜像填充和相同填充的卷积。kernel_size 参数应是奇数。

```
def upsampling(input_,
               kernel_size,
               stride,
               num_outputs,
               scope,
activation_fn=tf.nn.relu):
"""
Args:
input_: 4-D Tensor input.
kernel_size: int (odd-valued) representing the kernel size.
stride: int representing the strides.
```

```
num_outputs: int. Number of output feature maps.

scope: str. Scope under which to operate.

activation_fn: activation function.

Returns:

4-D Tensor output.

Raises:

ValueError: if `kernel_size` is even.
"""

if kernel_size % 2 == 0:

raise ValueError('kernel_size is expected to be odd.')

with tf.variable_scope(scope):

shape = tf.shape(input_)

height = shape[1]

width = shape[2]

upsampled_input = tf.image.resize_nearest_neighbor(

input_, [stride * height, stride * width])

return conv2d(

upsampled_input,

kernel_size,

1,

num_outputs,

'conv',

activation_fn=activation_fn)
```

剩下的块由两个镜像填充和相同填充的卷积构成。residual_block 函数要求 kernel_size 参数是奇数。

```
def residual_block(input_, kernel_size, scope, activation_fn=tf.nn.relu):
    """
    Args:

    input_: 4-D Tensor, the input.

    kernel_size: int (odd-valued) representing the kernel size.

    scope: str, scope under which to operate.

    activation_fn: activation function.

    Returns:

    4-D Tensor, the output.
```

```
Raises:

ValueError: if `kernel_size` is even.

"""

if kernel_size % 2 == 0:

raise ValueError('kernel_size is expected to be odd.')

with tf.variable_scope(scope):

num_outputs = input_.get_shape()[-1].value

h_1 = conv2d(input_, kernel_size, 1, num_outputs, 'conv1', activation_fn)

h_2 = conv2d(h_1, kernel_size, 1, num_outputs, 'conv2', None)

return input_ + h_2
```

现在，我们已经做好了构建 Android 应用程序的准备。

## 3. 构建应用程序

这个应用程序使用 TensorFlow 的以下依赖项编译，这些依赖项将会获取最新的版本。

```
allprojects {

repositories {

jcenter()

}

}

dependencies {

compile 'org.tensorflow:tensorflow-android:+'

}
```

创建一个 .CameraActivity，它是应用程序的启动活动，定义在 AndroidManifest.xml
文件中。

```xml
<activity android:name=".CameraActivity"

    android:icon="@mipmap/ic_launcher">

    <intent-filter>

        <action android:name="android.intent.action.MAIN" />

        <category android:name="android.intent.category.LAUNCHER" />

    </intent-filter>

</activity>
```

## 4. 配置相机和图片选择器

在 .CameraActivity 中，我们将使用 CameraKit 库的相机模块，这个库可以在 GitHub

网站中找到。

如果要拍摄照片，首先需要初始化 `CameraView` 对象。

```
myCamera = findViewById(R.id.camera);

myCamera.setPermissions(CameraKit.Constants.PERMISSIONS_PICTURE);

myCamera.setMethod(CameraKit.Constants.METHOD_STILL);

myCamera.setJpegQuality(70);

myCamera.setCropOutput(true);
```

当使用相机拍摄照片以后，回调方法将会初始化风格迁移。

```
findViewById(R.id.picture).setOnClickListener(new View.OnClickListener() {
    @Override
    public void onClick(View v) {
        captureStartTime = System.currentTimeMillis();
        mCameraView.captureImage(new
                CameraKitEventCallback<CameraKitImage>() {
            @Override
            public void callback(CameraKitImage cameraKitImage) {
                byte[] jpeg = cameraKitImage.getJpeg();

                // Get the dimensions of the bitmap
                BitmapFactory.Options bmOptions = new
                                    BitmapFactory.Options();

                // Decode the image file into a Bitmap sized to fill
                // the View
                //bmOptions.inJustDecodeBounds = false;
                  bmOptions.inMutable = true;

                long callbackTime = System.currentTimeMillis();
                Bitmap bitmap = BitmapFactory.decodeByteArray(jpeg, 0,
                                jpeg.length, bmOptions);
                ResultHolder.dispose();
                ResultHolder.setImage(bitmap);
ResultHolder.setNativeCaptureSize(mCameraView.getCaptureSize());
```

```
              ResultHolder.setTimeToCallback(callbackTime -
              captureStartTime);
              Intent intent = new Intent(getApplicationContext(),
                                          ShowImageActivity.class);
              startActivity(intent);
         }
      });
   }
});
```

或者，可以使用意图（intent）在移动设备的相册中选取一张图片，代码如下。

```
mFile = new File(getExternalFilesDir(null), "pic.jpg");
Intent intent = new Intent();
intent.setType("image/*");
intent.setAction(Intent.ACTION_GET_CONTENT);
startActivityForResult(Intent.createChooser(intent, "Select Picture"),
              1);
```

前面的代码会生成下图所示的输出。

我们将会在 onActivityResult 方法中得到结果，代码如下。

```
@Override
public void onActivityResult(int requestCode, int resultCode, Intent data)
{
    super.onActivityResult(requestCode, resultCode, data);
    if (requestCode == 1 && resultCode == Activity.RESULT_OK) {
        if (data == null) {
            //Display an error
            return;
        }
        try {
            InputStream inputStream =
                getContentResolver().openInputStream(data.getData());

            byte[] buffer = new byte[inputStream.available()];
            inputStream.read(buffer);

            // Get the dimensions of the bitmap
            BitmapFactory.Options bmOptions = new
                        BitmapFactory.Options();

            // Decode the image file into a Bitmap sized to fill the
            // View
            //bmOptions.inJustDecodeBounds = false;
            bmOptions.inMutable = true;

            Bitmap bitmap = BitmapFactory.decodeByteArray(buffer, 0,
                                    buffer.length, bmOptions);
            ResultHolder.dispose();
            ResultHolder.setImage(bitmap);
            Intent intent = new Intent(getApplicationContext(),
```

```
                                    ShowImageActivity.class);
            startActivity(intent);
        } catch (FileNotFoundException e) {
            e.printStackTrace();
        } catch (IOException e) {
            e.printStackTrace();
        }
        //Now you can do whatever you want with your inpustream, save
            it as file, upload to a server, decode a bitmap...
    }
    finish();
}
```

在 .ShowImageActivity 中，类似于 Instagram 的用户界面是内置的。在这个界面中，可以在视图底部的水平列表中选择各种风格，并把一种风格应用在所选的图片上。这个功能通过在 RecyclerView 上使用 HorizontalListAdapter 上来完成。

各种风格的缩略图会按照下面的代码从 Assets 文件夹中载入。

```
private void loadStyleBitmaps(){
    for(int i=0;i<NUM_STYLES;i++){
        try{
myStylesBmList.add(i,BitmapFactory.decodeStream(getAssets().open("thumb
            nails/style"+i+".jpg")));
        }
        catch(IOException e){
            e.printStackTrace();
            Toast.makeText(ShowImageActivity.this,"Alert! there is an
                issue while loading images",Toast.LENGTH_SHORT).show();
            finish();
        }
    }
}
```

前面代码的输出如下图所示。

当选中特定的风格之后，为了在某张图片上应用这种风格，可以输入如下代码。

```
mRecyclerView.addOnItemTouchListener(new
    RecyclerItemClickListener(getApplicationContext(),mRecyclerView,new
    RecyclerItemClickListener.OnItemClickListener(){

    @Override
    public void onItemClick(View view, int position) {
        mSelectedStyle = position;
        progress = new ProgressDialog(ShowImageActivity.this);
        progress.setTitle("Loading");
        progress.setMessage("Applying your awesome style! Please
                            wait!");
        progress.setCancelable(false); // disable dismiss by tapping
                                        outside of the dialog
        progress.show();
        runInBackground(
                new Runnable() {
                    @Override
```

```
                    public void run() {
                        try {
                            stylizeImage();
                        }
                        catch(Exception e){
                            e.printStackTrace();
                            runOnUiThread(new Runnable() {
                                @Override
                                public void run() {
Toast.makeText(getApplicationContext(),"Oops! Some error
occurred!",Toast.LENGTH_SHORT).show();
                                    if(progress!=null){
                                        progress.dismiss();
                                    }
                                }
                            });
                        }
                    }
                });
    }
    @Override
    public void onLongItemClick(View view, int position) {
    }
}));
```

然后，调用风格化方法来应用这种风格。

```
private void stylizeImage() {
    if(bitmapCache.get("style_"+String.valueOf(mSelectedStyle))==null) {
        ActivityManager actManager = (ActivityManager)
getApplication().getSystemService(Context.ACTIVITY_SERVICE);
        ActivityManager.MemoryInfo memInfo = new
                            ActivityManager.MemoryInfo();
                            actManager.getMemoryInfo(memInfo);


        mImgBitmap = Bitmap.createBitmap(mOrigBitmap);
```

```
    for (int i = 0; i < NUM_STYLES; i++) {
        if (i == mSelectedStyle) {
            styleVals[i] = 1.0f;
        } else styleVals[i] = 0.0f;
    }
    mImgBitmap.getPixels(intValues, 0, mImgBitmap.getWidth(), 0, 0,
                    mImgBitmap.getWidth(), mImgBitmap.getHeight());


for(int i=0;i<MY_DIVISOR;i++) {
    float[] floatValuesInput = new
        float[floatValues.length/MY_DIVISOR];
    int myArrayLength = intValues.length/MY_DIVISOR;
    for(int x=0;x < myArrayLength;++x){
        final int myPos = x+i*myArrayLength;
        final int val = intValues[myPos];
        floatValuesInput[x * 3] = ((val >> 16) & 0xFF) /
                                            255.0f;
        floatValuesInput[x * 3 + 1] = ((val >> 8) & 0xFF) /
                                            255.0f;
        floatValuesInput[x * 3 + 2] = (val & 0xFF) / 255.0f;
    }
    Log.i(ShowImageActivity.class.getName(),"Sending following data
        to tensorflow : floarValuesInput length : " + floatValuesInput.length+"
        image bitmap height :" + mImgBitmap.getHeight() + " image bitmap width : "
        + mImgBitmap.getWidth());
    // Copy the input data into TensorFlow.
    inferenceInterface.feed(
            INPUT_NODE, floatValuesInput, 1,
                mImgBitmap.getHeight()/MY_DIVISOR, mImgBitmap.getWidth(), 3);
    inferenceInterface.feed(STYLE_NODE, styleVals, NUM_STYLES);
    inferenceInterface.run(new String[]{OUTPUT_NODE},
                            isDebug());
    float[] floatValuesOutput = new
        float[floatValues.length/MY_DIVISOR];
```

```
        //floatValuesOutput = new float[mImgBitmap.getWidth() *
            (mImgBitmap.getHeight() + 10) * 3];//add a little buffer to the float
            array because tensorflow sometimes returns larger images than what
            is given as input
        inferenceInterface.fetch(OUTPUT_NODE, floatValuesOutput);


        for (int j = 0; j < myArrayLength; ++j) {
            intValues[j+i*myArrayLength] =
                    0xFF000000
                            | (((int) (floatValuesOutput [(j) * 3]
                                            * 255)) << 16)
                            | (((int) (floatValuesOutput [(j) * 3 +
                                        1] * 255)) << 8)
                            | ((int) (floatValuesOutput [(j) * 3 +
                                            2] * 255));
        }
        //floatValues = new float[mImgBitmap.getWidth() *
                                (mImgBitmap.getHeight()) * 3];
        mImgBitmap.setPixels(intValues, 0, mImgBitmap.getWidth(),
            0, 0, mImgBitmap.getWidth(), mImgBitmap.getHeight());
        runOnUiThread(new Runnable() {
            @Override
            public void run() {
                mPreviewImage.setImageBitmap(mImgBitmap);
            }
        });
    }
}
else{
    mImgBitmap =
bitmapCache.get("style_"+String.valueOf(mSelectedStyle));
}
runOnUiThread(new Runnable() {
    @Override
```

```
        public void run() {
            if(mPreviewImage!=null){
                mPreviewImage.setImageBitmap(mImgBitmap);
                    bitmapCache.put("style_"+String.valueOf(mSelectedStyle),mImgBitmap);
                if(progress!=null){
                    progress.dismiss();
                }
            }
        }
    });
}
```

前面代码的输出如下图所示。

对图片应用风格之后，就可以分享图片了。

```
shareButton.setOnClickListener(new View.OnClickListener() {
    @Override
    public void onClick(View view) {
        if(ContextCompat.checkSelfPermission(ShowImageActivity.this,
```

```
                    Manifest.permission.WRITE_EXTERNAL_STORAGE)
            != PackageManager.PERMISSION_GRANTED)
    {

        requestStoragePermission();

        return;

    }

    if(mImgBitmap!=null) {

        try{

            Bitmap newBitmap =
Bitmap.createBitmap(mImgBitmap.getWidth(), mImgBitmap.getHeight(),
                                Bitmap.Config.ARGB_8888);

            // create a canvas where we can draw on

            Canvas canvas = new Canvas(newBitmap);

            // create a paint instance with alpha

            canvas.drawBitmap(mOrigBitmap,0,0,null);

            Paint alphaPaint = new Paint();

            alphaPaint.setAlpha(mSeekBar.getProgress()*255/100);

            // now lets draw using alphaPaint instance

            canvas.drawBitmap(mImgBitmap, 0, 0, alphaPaint);


            String path =
                MediaStore.Images.Media.insertImage(ShowImageActivity.this.
                getContentResolver(), newBitmap, "Title", null);

            final Intent intent = new
                Intent(android.content.Intent.ACTION_SEND);

            intent.setFlags(Intent.FLAG_ACTIVITY_NEW_TASK);

            intent.putExtra(Intent.EXTRA_STREAM, Uri.parse(path));

            intent.setType("image/png");

            startActivity(intent);

        }

        catch(Exception e){

            e.printStackTrace();

            Toast.makeText(ShowImageActivity.this,"Error occurred while
                trying to share",Toast.LENGTH_SHORT).show();
```

```
        }
      }
    }
});
```

然后，在对用户数据执行任何操作之前，我们需要从用户那里为这个应用程序申请合适的权限。

```
private void requestStoragePermission() {
    if
(ActivityCompat.shouldShowRequestPermissionRationale(ShowImageActivity.
        this, Manifest.permission.WRITE_EXTERNAL_STORAGE)) {
        Toast.makeText(ShowImageActivity.this,"Write permission required to
share",Toast.LENGTH_SHORT).show();
    }
    ActivityCompat.requestPermissions(this, new
String[]{Manifest.permission.WRITE_EXTERNAL_STORAGE},
        REQUEST_STORAGE_PERMISSION);
}
@Override
public void onRequestPermissionsResult(int requestCode, @NonNull String[]
permissions,
                                       @NonNull int[] grantResults) {
    if (requestCode == REQUEST_STORAGE_PERMISSION) {
        if (grantResults.length != 1 || grantResults[0] !=
            PackageManager.PERMISSION_GRANTED) {
            Camera2BasicFragment.ErrorDialog.newInstance(getString(R.string.request_
            permission_storage)).show(getFragmentManager(),"dialog");
        }
        else{
            shareButton.performClick();
        }
    } else {
        shareButton.performClick();
        super.onRequestPermissionsResult(requestCode, permissions,
            grantResults);
    }
}
```

# 3.3  本章小结

本章介绍了如何从一种艺术形式构建一款风格迁移应用程序。现在，我们已经非常熟悉深度 CNN 的工作原理和各个层级处理数据的过程。同时，我们也熟悉了如何构建基本 iOS 应用程序和 Android 应用程序。

下一章将详细讨论使用 ML Kit 框架在机器学习中的应用。

# 3.4  参考网站

- arXiv 网站

- harishnarayanan 网站

- medium 网站

- towardsdatascience 网站

- GitHub 网站

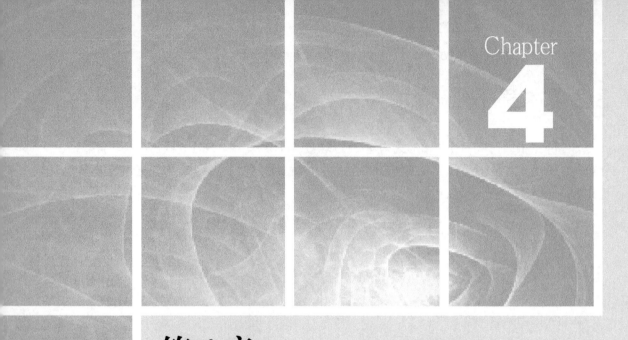

Chapter

4

第 4 章

# 基于 Firebase 的 ML Kit

本章将会深入探讨 Google 针对移动应用程序开发的基于 Firebase 的 ML Kit。

Google 在 2018 I/O 大会上发布了 ML Kit。ML Kit 是 Firebase 应用程序的一部分，它可以让开发者在移动应用程序中将**机器学习**的能力包含在内。ML Kit **软件开发包**（Software Development Kit，SDK）中包含很多功能，这些功能在移动应用程序中很常见，可以帮助 Android 和 iOS 开发者不用担心是否熟悉 ML。

本章将要介绍的内容如下：

- ML Kit 的基础知识；
- 应用程序中添加 Firebase 的方式；
- 使用 Firebase 创建多个用于面部检测、二维码扫描以及基于设备的文本识别的应用程序。

 本章的源代码参见 GitHub 网站。

# 4.1 ML Kit 的基础

当然，我们可以不借助 Firebase 完成所有基于 ML 的实现。然而，下面是并非每个人都这样做的原因。

- 熟练的移动应用程序开发者可能不擅长构建 ML 模型。构建 ML 模型肯定需要消耗一定的时间，消耗的时间长短与具体的应用场景有关。
- 找到正确的数据模型集来处理用例将是一个非常困难的问题。比如，我们想要检测亚洲人脸的年龄和性别分类。在这种情况下，已经存在的模型可能无法完全满足指定的准确率。
- 保存自己的模型的成本更加高昂，而且还必须在应用程序的服务器端花费更多的精力。

ML Kit 将 Cloud Vision API、Mobile Vision 和 TensorFlow Lite 模型在一起放在本地设备中（见下图）。

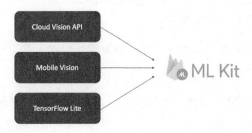

## 4.1.1　基本特征集

ML Kit 为常用的用例提供了一个现成的代码库，比如，从一张图片中检测人脸、扫描二维码、检测图片中的文字以及图片分类等。通过将要检测的数据传给 API，只需要几行代码就可以获得想要查询的基本用例的答案。

ML Kit 既提供了设备上的 API，也提供了云 API。根据自身的需求，可以选择最适合的 API 服务。虽然设备上的 API 执行速度更快，但是云 API 可提供更高的准确率。

并不是所有的移动应用程序的功能都可以使用 ML Kit 提供的默认 API。在一些应用场景下始终需要使用 ML 来解决问题。ML Kit 支持将自定义的 TensorFlow Lite 模型部署到云端，将它作为与模型进行交互的一个层级。

在撰写本书的时候，ML Kit 在 beta 模式下已经拥有了以下能力：

- 文本识别；

- 人脸检测；

- 二维码扫描；

- 图像标记；

- 特征点检测。

根据应用场景，这些功能可以在设备上实现检测，也可以使用云端检测。比如，在离线时从图像中检测人脸的功能可以通过编程方式在设备上实现，而不用将图片上传到云端并获得结果。然而，无法在离线情况下高效检测图片中的特征点，因为数据会随着时间而变化，关于特征点的数据量也会很大。

我们将会在要构建的 Android 应用程序中涵盖前面提到的每个功能的示例。当开发应用程序的时候，在云端运行 ML 模型主要关心两个问题。

- 这个应用程序需要使用网络。我们一般在文本、图片、音频和视频上应用 ML。基于用例，可能占用较多的数据带宽。

- 因为这个应用程序由多个人使用，所以当数据从设备上离开的时候，我们可能没法控制它。

将这些问题记在心中，我们需要考虑构建一个基于 ML 的更好的应用程序。下表展示了本地设备和云端可以使用的 API。

| API | 基于云的 API | 基于设备的 API |
|---|---|---|
| 文本识别 | 是 | 是 |
| 人脸检测 | 否 | 是 |
| 二维码扫描 | 否 | 是 |
| 图像标记 | 是 | 是 |
| 特征点检测 | 是 | 否 |
| 自定义 TensorFlow Lite 模型 | 否 | 是 |

## 4.1.2 构建应用程序

现在，需要使用 Android Studio 安装一个新的 Android 应用程序。为了做到这一点，需要安装最新版本的 Android Studio，并创建新项目，如下图所示。

下图展示了将要使用的 Android API。选择 API 15 及以上版本就可以覆盖几乎所有已经存在的 Android 设备，所以建议使用这个版本。

### 将 Firebase 添加到应用程序中

我们已经创建了一个具有空活动的 Android Studio 应用程序。如果要使用 Android Studio 2.2 或者更新的版本，可以使用 Firebase Assistant 将应用程序与 Firebase 连接在一起。Assistant 将会帮助你连接已存在的 Firebase 项目或者创建一个新项目。它会安装所有需要的 Gradle 依赖项。除此之外，也可以手动添加 Firebase 项目。

 这个项目将会使用 Android Studio 3.13 版本构建应用程序。

如果在 Tools 区域中无法找到 Firebase Assistant，就选择 **File→Settings→Build，Execution and Deployment→required Plugins**，然后添加 Firebase Services。除此之外，还可以按照下面的步骤手动添加 Firebase 项目。

（1）在 Google 中访问以下页面。下图有助于我们了解需要使用哪个页面。

上图显示了如何添加一个新项目。也可以使用 Firebase 中已经存在的新项目。这个应用程序支持的项目包括 Android、iOS 以及 Web 平台。然后，在 Firebase 的控制台中添加应用程序的更多详细信息。可在应用程序的 app 文件夹的 `build.gradle` 文件中找到 Android 包的名称。

（2）下载 google-services.json 文件（见下图）。

当应用程序创建完毕后，可以在 Firebase 控件中下载这个文件。

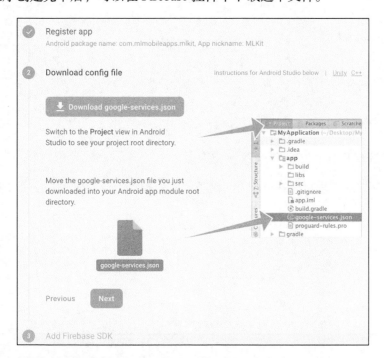

然后，可以替换应用程序的 app 文件夹中的 .json 文件。

（3）对 build.gradle 文件进行一些修改，既要对项目级（project-level）的 build.gradle 文件进行修改，也要对应用程序级（app-level）的 build.gradle 文件进行修改。

项目级的 build.gradle 文件在项目的主目录（<project>/build.gradle）下。

```
buildscript {
    repositories {
        google()
        jcenter()
    }
    dependencies {
        classpath 'com.android.tools.build:gradle:3.1.3'
        classpath 'com.google.gms:google-services:4.0.0'
    }
}
```

应用程序级的 build.gradle 文件在文件夹<project>/<app-module>/build.gradle 下。将下面的代码添加到该文件中。

```
dependencies {
  // Add this line
  compile 'com.google.firebase:firebase-core:16.0.0'}
...
// Add to the bottom of the file
apply plugin: 'com.google.gms.google-services'
```

这段代码默认包含了 Firebase 的分析服务。

现在，单击 IDE 右上角的 **Sync Now** 按钮。

完成这一步之后，就可以在 Android 设备或者模拟器上运行应用程序了（见下图）。

上图中显示的信息确认 Firebase 的配置已经成功完成。现在可以看到一个用户已经添加到控制台新的应用程序中。

现在，开始构建应用程序中的功能。在开始之前，首先应该在应用程序级的 build.gradle 文件中添加 ML Kit 的依赖项，代码如下所示。

```
dependencies {
  // You should always use the latest version
  implementation 'com.google.firebase:firebase-ml-vision:16.0.0'
}
```

在 Firebase 中，默认情况下将会选择 Spark 计划。我们可以升级到 Blaze 计划，这样就可以使用 Cloud Vision API，根据免费计划每个月可以发起 1000 个请求。在本章里，我们将会使用设备模块处理相机实时获取的内容。

使用基于设备的训练，当首次运行应用程序的时候，将会自动下载模型。如果仅要下载指定的模型，那么可以在应用程序的 manifest 文件中添加如下代码。

```
<application ...>
  ...
  <meta-data
      android:name="com.google.firebase.ml.vision.DEPENDENCIES"
      android:value="ocr" />
  <!-- To use multiple models: android:value="ocr, barcode, face, model4,
model5" -->
</application>
```

特定模型的使用依赖于应用程序的用途，如果 ML 模型是应用程序的核心体验，那么这样做无可厚非。否则，只有在需要模型的时候才应当下载它们，这样做会减少移动设备非必需的负载。

在正在构建的应用程序中，将会启动相机视图，从这个视图切换到设备上的 ML 配置（与 ML Kit 的配置相同）。

在相机视图的底部，将会添加一个 spinner，它会指向当前要使用的 ML 功能。

```
Spinner spinner = (Spinner) findViewById(R.id.spinner);
//Adding the list of items to be detected
List<String> options = new ArrayList<>();
options.add(FACE_DETECTION);
```

```
options.add(TEXT_DETECTION);
options.add(BARCODE_DETECTION);
options.add(IMAGE_LABEL_DETECTION);
options.add(CLASSIFICATION);
// Creating adapter for spinner
ArrayAdapter<String> dataAdapter = new ArrayAdapter<>(this,
                        R.layout.spinner_style, options);
// Drop down layout style - list view with radio button
dataAdapter.setDropDownViewResource(android.R.layout.simple_spinner_dro
                        pdown_item);
// attaching data adapter to spinner
spinner.setAdapter(dataAdapter);
spinner.setOnItemSelectedListener(this);
```

基于用户的选择，相机视图将会显示实时结果。我们开始人脸检测。

# 4.2 人脸检测

使用人脸检测，可自动检测图片或者视频中的人脸。检测结果会报告人脸的实际位置，比如，其在媒介中的大小和朝向。一旦识别了人脸，就可以进一步检测其他部分了，如鼻子、眼睛和嘴巴。人脸检测 API 会检测到以下内容。

- 已检测到的人脸的边框。
- 面部的倾斜角度和旋转角度。
- 鼻底的位置，嘴下部的位置，嘴左侧和右侧的位置。
- 左眼是睁开的、右眼是睁开的以及处于微笑状态的概率。

ML Kit 中的人脸特征检测与很多术语相关。

## 4.2.1 面部朝向追踪

面部追踪（face tracking）可以用于检测视频中特定的脸。可以计算特定的脸在视频中总共出现了多少帧，还可以根据两张脸的位置和表情来判断这两张脸是否是同一个人（在视频中，如果两张脸的位置和表情差不多，那么基本可以判断这两张脸为同一个人）。

使用欧拉角追踪面部位置，欧拉角会根据相机的角度识别面部的位置。

- **欧拉 $X$**：欧拉角的 $X$ 值为正表示脸朝上。

- **欧拉 $Y$**：欧拉角的 $Y$ 值为正表示脸朝向相机的右边，否则在相机的左边。

- **欧拉 $Z$**：欧拉角的 $Z$ 值为正表示脸相对于相机顺时针旋转。

在这 3 种角度中，ML Kit 仅支持检测欧拉 $Z$ 角，它不支持检测欧拉 $X$ 角，只有当相机处于精确（accurate）模式下的时候，才支持检测欧拉 $Y$ 角。在快速（fast）模式下，相机使用快捷方式让结果出现的速度更快一些。

## 1. 特征点

ML Kit 可以检测到组成脸的**特征**（landmark）点。这些特征点包括左眼、右眼、鼻子底部、嘴的左侧等。

ML Kit 不依靠特征点信息检测面部，并且不使用特征点信息作为整张脸的检测基准，所以默认情况下不会启用特征点信息。

根据相关的欧拉 $Y$ 角，可以识别下面的特征点。

| | $Y < 36°$ | $-36° \leq Y < -12°$ | $-12° \leq Y < 12°$ | $12° \leq Y \leq 36°$ | $Y > 36°$ |
|---|---|---|---|---|---|
| 右眼 | 是 | 是 | 是 | 是 | 否 |
| 右眼 | 否 | 是 | 是 | 是 | 是 |
| 嘴的左边 | 是 | 是 | 是 | 否 | 否 |
| 嘴的右边 | 否 | 否 | 是 | 是 | 是 |
| 嘴的下边 | 否 | 是 | 是 | 是 | 否 |
| 左耳 | 是 | 是 | 否 | 是 | 否 |
| 右耳 | 否 | 否 | 否 | 是 | 是 |
| 鼻子根 | 是 | 是 | 是 | 是 | 是 |
| 左脸 | 是 | 是 | 是 | 否 | 否 |
| 有脸 | 否 | 否 | 是 | 是 | 是 |

每个检测的特征点都包含其在图片中相关的位置，下面展示了相关的代码。

```
/** Draws the face annotations for position on the supplied canvas. */
@Override
public void draw(Canvas canvas) {
  FirebaseVisionFace face = firebaseVisionFace;
  if (face == null) {
    return;
  }
```

```
// Draws a circle at the position of the detected face, with the
// face's track id below.
float x = translateX(face.getBoundingBox().centerX());
float y = translateY(face.getBoundingBox().centerY());


canvas.drawCircle(x, y, FACE_POSITION_RADIUS, facePositionPaint);
canvas.drawText("id: " + face.getTrackingId(), x + ID_X_OFFSET, y +
                ID_Y_OFFSET, idPaint);


canvas.drawText("happiness: " +
    String.format("%.2f",face.getSmilingProbability()),
    x + ID_X_OFFSET * 3,
    y - ID_Y_OFFSET,
    idPaint);
if (facing == CameraSource.CAMERA_FACING_FRONT) {
    canvas.drawText(
    "right eye: " + String.format("%.2f",
                    face.getRightEyeOpenProbability()),
                    x - ID_X_OFFSET,
                    y,
                    idPaint);
    canvas.drawText("left eye: " + String.format("%.2f",
                    face.getLeftEyeOpenProbability()),
                    x + ID_X_OFFSET * 6,
                    y,
                    idPaint);
}
else
{
  canvas.drawText(
```

```
                "left eye: " + String.format("%.2f",
                                 face.getLeftEyeOpenProbability()),
                                 x - ID_X_OFFSET, y, idPaint);
    canvas.drawText(
        "right eye: " + String.format("%.2f",
                            face.getRightEyeOpenProbability()),
                            x + ID_X_OFFSET * 6, y, idPaint);
}


// Draws a bounding box around the face.
float xOffset = scaleX(face.getBoundingBox().width() / 2.0f);
float yOffset = scaleY(face.getBoundingBox().height() / 2.0f);
float left = x - xOffset;
float top = y - yOffset;
float right = x + xOffset;
float bottom = y + yOffset;
canvas.drawRect(left, top, right, bottom, boxPaint);


// draw landmarks
drawLandmarkPosition(canvas, face,
                    FirebaseVisionFaceLandmark.BOTTOM_MOUTH);
drawLandmarkPosition(canvas, face,
                    FirebaseVisionFaceLandmark.LEFT_CHEEK);
drawLandmarkPosition(canvas, face,
                    FirebaseVisionFaceLandmark.LEFT_EAR);
drawLandmarkPosition(canvas, face,
                    FirebaseVisionFaceLandmark.LEFT_MOUTH);
drawLandmarkPosition(canvas, face,
                    FirebaseVisionFaceLandmark.LEFT_EYE);
drawLandmarkPosition(canvas, face,
                    FirebaseVisionFaceLandmark.NOSE_BASE);
drawLandmarkPosition(canvas, face,
```

```
                                FirebaseVisionFaceLandmark.RIGHT_CHEEK);
    drawLandmarkPosition(canvas, face,
                                FirebaseVisionFaceLandmark.RIGHT_EAR);
    drawLandmarkPosition(canvas, face,
                                FirebaseVisionFaceLandmark.RIGHT_EYE);
    drawLandmarkPosition(canvas, face,
                                FirebaseVisionFaceLandmark.RIGHT_MOUTH);
}
```

利用上面的代码，可以在人脸上绘制面部特征点，还可以在人脸周围绘制一个边框。

## 2．分类

分类（classification）通常基于特定的面部特征（比如，眼睛是否睁开，人物是否处于微笑的状态）对图片进行归类。

分类使用 0～1 的值表示。比如，在微笑的分类中，如果值大于或等于 0.7，就说明一个人正在微笑。类似地，眼睛是否处于睁开的状态也可以根据分类值来追踪。

睁着眼和微笑这两个分类都依赖于特征点检测。睁着眼和微笑都只能在正脸的时候才能检测到。也就是说，这两个分类需要一个较小的欧拉 $Y$ 角（±18°）来计算这些因子。

## 3．实现人脸检测

人脸检测需要在应用程序级的 build.gradle 文件中添加如下代码。

```
implementation 'com.google.firebase:firebase-ml-vision:16.0.0'
```

## 4．人脸检测配置

为了初始化人脸识别功能，需要创建一个 FirebaseVisionFaceDetectorOptions 实例。相关代码如下。

```
FirebaseVisionFaceDetectorOptions options =
                        FirebaseVisionFaceDetectorOptions.Builder()
```

之后，可以通过不同属性的集合配置人脸识别功能。

- **检测模式**（detection mode）：当检测人脸时速度很快或者很精准。该属性可以设置为 ACCURATE_MODE 或者 FAST_MODE。该属性默认情况下是 FAST_MODE。

```
.setModeType(FirebaseVisionFaceDetectorOptions.ACCURATE_MODE)
```

```
.setModeType(FirebaseVisionFaceDetectorOptions.FAST_MODE)
```

- **特征检测**（landmark detection）：决定是否打算识别面部特征，即眼睛、耳朵、鼻子、面颊和嘴巴。该属性默认情况下是 NO_LANDMARKS。

```
.setLandmarkType(FirebaseVisionFaceDetectorOptions.ALL_LANDMARKS)
.setLandmarkType(FirebaseVisionFaceDetectorOptions.NO_LANDMARKS)
```

- **功能分类**（feature classification）：决定是否按照种类进行分类，比如，微笑和睁着眼。该属性默认情况下是 NO_CLASSIFICATIONS。

```
.setClassificationType(FirebaseVisionFaceDetectorOptions.ALL_
                                      CLASSIFICATIONS)
.setClassificationType(FirebaseVisionFaceDetectorOptions.NO_
                                      CLASSIFICATIONS)
```

- **最小化脸的尺寸**：相对于图像，要检测的脸的最小尺寸。

```
.setMinFaceSize(0.15f)
```

- **启用面部追踪**（enable face tracking）：决定是否给脸指定一个 ID，这个 ID 可以用来追踪图中的脸。

```
.setTrackingEnabled(true)
.setTrackingEnabled(false)
```

将上面这些内容放在一起，就可以得到下面的代码。

```
val options = FirebaseVisionFaceDetectorOptions.Builder()
        .setModeType(FirebaseVisionFaceDetectorOptions.FAST_MODE)
        .setLandmarkType(
            FirebaseVisionFaceDetectorOptions.ALL_LANDMARKS)
        .setClassificationType(
            FirebaseVisionFaceDetectorOptions.ALL_CLASSIFICATIONS)
        .setMinFaceSize(0.20f)
        .setTrackingEnabled(true)
        .build()
```

如果不用构建器设置这些选项，那么这些选项就会设置为默认值。

## 4.2.2　运行面部检测器

我们逐步查看运行面部检测器的过程。下面这张图显示了脸周围的边框以及所有面部检测点的标记。

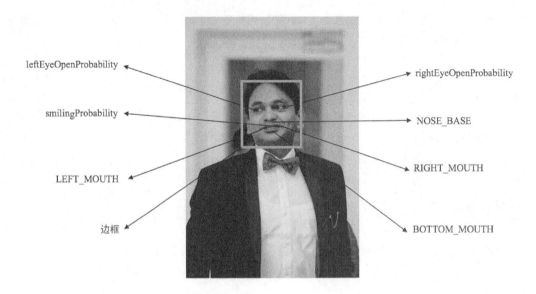

边框是一块由两条纬线和两条经线组成的区域，纬度是–90.0°～90.0° 的十进制数字，纬度是–180.0°～180.0° 的十进制数字。

## 1. 根据输入创建一个 FirebaseVisionImage

为了运行面部检测，首先，需要创建 FirebaseVisionFace 类的一个实例。创建 FirebaseVisionFace 对象有 5 种方法。可以使用位图、ByteBuffer、media.Image、ByteArray 或者设备上的文件来创建这个对象。

然后，创建的 FirebaseVisionImage 对象将会传入 FirebaseVisionFaceDetector 对象的 detectInImage() 方法。

### 1）使用位图

可以使用位图实例创建 FirebaseVisionImage 的实例，图片中的对象应该切换到正面且不需要旋转。通过将位图传入 fromBitmap() 函数可以创建这个实例，这样就会获得 FirebaseVisionImage 的实例，如下所示。

```
FirebaseVisionImage myImage = FirebaseVisionImage.fromBitmap(bitmap);
```

### 2）使用 media.Image

可以使用一个 media.Image 实例创建这个 FirebaseVisionImage 的实例。当使用设备的相机拍摄照片的时候，就会用到这种方法。当使用这种方法的时候，必须将图片的实例和旋转参数一并传入，因此在调用 fromMediaImage() 函数之前首先要计算相关参数。

旋转函数如下。

```
private static final SparseIntArray ORIENTATIONS = new
                                        SparseIntArray();
static {
    ORIENTATIONS.append(Surface.ROTATION_0, 90);
    ORIENTATIONS.append(Surface.ROTATION_90, 0);
    ORIENTATIONS.append(Surface.ROTATION_180, 270);
    ORIENTATIONS.append(Surface.ROTATION_270, 180);
}


/**
 * Get the angle by which an image must be rotated given the device's
   current orientation.
 */
@RequiresApi(api = Build.VERSION_CODES.LOLLIPOP)
private int getRotationCompensation(String cameraId, Activity activity,
                          Context context)
        throws CameraAccessException {
    // Get the device's current rotation relative to its "native"
    // orientation.
    // Then, from the ORIENTATIONS table, look up the angle the image
    // must be rotated to compensate for the device's rotation.
    int deviceRotation =
        activity.getWindowManager().getDefaultDisplay().getRotation();
        int rotationCompensation = ORIENTATIONS.get(deviceRotation);
 // On most devices, the sensor orientation is 90 degrees, but for some
// devices it is 270 degrees. For devices with a sensor orientation of
// 270, rotate the image an additional 180 ((270 + 270) % 360) degrees.
    CameraManager cameraManager = (CameraManager)
context.getSystemService(CAMERA_SERVICE);
    int sensorOrientation = cameraManager
            .getCameraCharacteristics(cameraId)
            .get(CameraCharacteristics.SENSOR_ORIENTATION);
    rotationCompensation = (rotationCompensation + sensorOrientation +
```

```
                                  270) % 360;

// Return the corresponding FirebaseVisionImageMetadata rotation value.
    int result;
    switch (rotationCompensation) {
        case 0:
            result = FirebaseVisionImageMetadata.ROTATION_0;
            break;
        case 90:
            result = FirebaseVisionImageMetadata.ROTATION_90;
            break;
        case 180:
            result = FirebaseVisionImageMetadata.ROTATION_180;
            break;
        case 270:
            result = FirebaseVisionImageMetadata.ROTATION_270;
            break;
        default:
            result = FirebaseVisionImageMetadata.ROTATION_0;
            Log.e(TAG, "Bad rotation value: " + rotationCompensation);
    }
    return result;
}
```

函数计算出来的结果将会按照以下代码传入这个方法中。

```
FirebaseVisionImage myImage =
            FirebaseVisionImage.fromMediaImage(mediaImage, rotation);
```

### 3）使用 ByteBuffer

可以使用 ByteBuffer 来创建 FirebaseVisionImage 的实例。为了做到这一点，首先，需要创建 FirebaseVisionImageMetadata 的实例。这个实例中包含构建视觉图片的数据，如格式、旋转角度以及度量值（宽和高）。

```
FirebaseVisionImageMetadata metadata = new
    FirebaseVisionImageMetadata.Builder()
        .setWidth(1280)
```

```
        .setHeight(720)

        .setFormat(FirebaseVisionImageMetadata.IMAGE_FORMAT_NV21)

        .setRotation(rotation)

        .build();
```

现在可以将 FirebaseVisionImage 的实例以及 ByteBuffer 传到方法中，以创建下面的实例。

```
FirebaseVisionImage myImage =

            FirebaseVisionImage.fromByteBuffer(buffer, metadata);
```

**4）使用 ByteArray**

使用 ByteArray 创建图片的方法与使用 ByteBuffer 创建图片的方法类似，除了必须使用 fromByteArray() 函数之外。

```
FirebaseVisionImage myImage =

            FirebaseVisionImage.fromByteArray(byteArray, metadata);
```

**5）使用文件**

可以调用 fromFilePath() 函数从文件中创建视觉图片实例，该函数需要一个 context 和期望的**统一资源定位符**（Uniform Resource Identifier，URI）参数。

```
val image: FirebaseVisionImage?

try {

    image = FirebaseVisionImage.fromFilePath(context, uri);

} catch (IOException e) {

    e.printStackTrace();

}
```

## 2. 创建 FirebaseVisionFaceDetector 对象的实例

FirebaseVisionFaceDetector 会检测到输入图像的<FirebaseVisionFace>实例。运行面部检测器之后，可以按照下面的方式创建 FirebaseVisionFaceDetector 的实例。

```
FirebaseVisionFaceDetector detector = FirebaseVision.getInstance()

.getVisionFaceDetector(options);
```

上面的方法会返回一个任务，这个任务会异步返回一个检测过的 FirebaseVisionFaces（Task<List<FirebaseVisionFace>>）列表。已经创建的对象将会传入图片检测方法中。

始终要记住检查控制台中构造方法生成的错误。

### 3．图片检测

根据图像检测的结果，监听回调函数会调用成功或者失败的方法。输出结果包含使用边框标识的人脸列表。

最后，通过以下代码将图片传到 detectInImage() 方法中。

```
@Override
protected Task<List<FirebaseVisionFace>> detectInImage(FirebaseVisionImage
image) {
  return detector.detectInImage(image);
}


@Override
protected void onSuccess(
    @NonNull List<FirebaseVisionFace> faces,
    @NonNull FrameMetadata frameMetadata,
    @NonNull GraphicOverlay graphicOverlay) {
  graphicOverlay.clear();
  for (int i = 0; i < faces.size(); ++i) {
    FirebaseVisionFace face = faces.get(i);
    FaceGraphic faceGraphic = new FaceGraphic(graphicOverlay);
    graphicOverlay.add(faceGraphic);
    faceGraphic.updateFace(face, frameMetadata.getCameraFacing());
  }
}


@Override
protected void onFailure(@NonNull Exception e) {
  Log.e(TAG, "Face detection failed " + e);
}
```

**从经过检测的人脸中获取信息**

如果人脸识别操作已经成功执行，那么将会把一个 FirebaseVisionFace 对象列表传到成功的监听器中。每个 `FirebaseVisionFace` 对象都代表了图片中检测出来的一张脸。对于每张脸来说，可以获得输入图片的边界坐标，以及配置面部检测器要找的任何其他信息。

```
for (FirebaseVisionFace face : faces) {
    Rect bounds = face.getBoundingBox();
    float rotY = face.getHeadEulerAngleY(); // Head is rotated to the
                                                right rotY degrees
    float rotZ = face.getHeadEulerAngleZ(); // Head is tilted sideways
                                                rotZ degrees


    // If landmark detection was enabled (mouth, ears, eyes, cheeks, and
    // nose available):
    FirebaseVisionFaceLandmark leftEar =
            face.getLandmark(FirebaseVisionFaceLandmark.LEFT_EAR);
    if (leftEar != null) {
        FirebaseVisionPoint leftEarPos = leftEar.getPosition();
    }


    // If classification was enabled:
    if (face.getSmilingProbability() !=
            FirebaseVisionFace.UNCOMPUTED_PROBABILITY) {
        float smileProb = face.getSmilingProbability();
    }
    if (face.getRightEyeOpenProbability() !=
        FirebaseVisionFace.UNCOMPUTED_PROBABILITY) {
            float rightEyeOpenProb = face.getRightEyeOpenProbability();
    }


    // If face tracking was enabled:
    if (face.getTrackingId() != FirebaseVisionFace.INVALID_ID) {
        int id = face.getTrackingId();
    }
}
```

有了这些数据之后，我们应该可以使用 ML Kit 在面部检测器上工作了。现在，切换到代码库，直接拉取所需的代码。

**Face Detection**

 本章的源代码参见 GitHub 网站。

# 4.3 条形码扫描器

接下来，使用 ML Kit 实现基于手机的条形码扫描器。条形码有很多格式，ML Kit 支持 Code 39、Code 128、EAN 128、UPC A、EAN 8 和 UPC E 格式的条形码，以及二维码。

一旦相机视图识别了条形码，`draw` 方法就会将边框放在上面，同时检查条形码的原始数据。下面的代码在提供的 `canvas` 上绘制了条形码的信息，如位置、大小和原始数据等。

```
/**
 * Draws the barcode block annotations
 */
@Override
public void draw(Canvas canvas) {
  if (barcode == null) {
    throw new IllegalStateException("Attempting to draw a null
                                    barcode.");
  }
```

```
// Draws the bounding box around the BarcodeBlock.
RectF rect = new RectF(barcode.getBoundingBox());
rect.left = translateX(rect.left);
rect.top = translateY(rect.top);
rect.right = translateX(rect.right);
rect.bottom = translateY(rect.bottom);
canvas.drawRect(rect, rectPaint);
// Renders the barcode at the bottom of the box.
canvas.drawText(barcode.getRawValue(), rect.left, rect.bottom,
                barcodePaint);
}
```

如果知道将要读取的条形码格式，那么可以在配置阶段进行相应的设置，这样能加快处理速度。比如，要检测二维码，应创建 FirebaseVisionBarcodeDetectorOptions 实例，然后进行设置。

```
FirebaseVisionBarcodeDetectorOptions options =
        new FirebaseVisionBarcodeDetectorOptions.Builder()
        .setBarcodeFormats(FirebaseVisionBarcode.FORMAT_QR_CODE)
        .build();
```

既然已经定义了这个选项，就可以在 FirebaseVision 上直接调用 get 函数，传入 options 实例。

```
val detector =
        FirebaseVision.getInstance().getVisionBarcodeDetector(options)
```

## 4.3.1  创建 FirebaseVisionImage 对象

当构建了选项之后，可以进入图像识别过程。与面部识别类似，FirebaseVisionImage 对象可以使用位图、ByteBuffer、media.Image、ByteArray 或者设备上的文件来创建。

### 1. 使用位图

使用位图创建一个 FirebaseVisionImage 实例。将一个位图传入 fromBitmap() 方法中，这个方法会返回一个 FirebaseVisionImage 实例。

```
FirebaseVisionImage image = FirebaseVisionImage.fromBitmap(bitmap);
```

## 2. 使用 media.Image

使用 `media.Image` 实例创建一个 `FirebaseVisionImage` 实例。这张图片使用设备的相机进行拍摄。当拍摄了图片之后，还需要将它传给 `rotation` 方法。必须在调用 `fromMediaImage()` 方法之前调用 `rotation` 方法。根据设备当前的方向，下面的方法可以获取图像必须旋转的角度。

```java
@RequiresApi(api = Build.VERSION_CODES.LOLLIPOP)
private int getRotationCompensation(String cameraId, Activity activity,
                                    Context context)
        throws CameraAccessException {
// Get the device's current rotation relative to its "native"
   orientation.
// Then,from the ORIENTATIONS table,look up the angle the image must be
// rotated to compensate for the device's rotation.
    int deviceRotation =
        activity.getWindowManager().getDefaultDisplay().getRotation();
    int rotationCompensation = ORIENTATIONS.get(deviceRotation);


 // On most devices, the sensor orientation is 90 degrees, but for some
 // devices it is 270 degrees. For devices with a sensor orientation of
 // 270, rotate the image an additional 180 ((270 + 270) % 360)
    degrees.
    CameraManager cameraManager = (CameraManager)
context.getSystemService(CAMERA_SERVICE);
    int sensorOrientation = cameraManager
            .getCameraCharacteristics(cameraId)
            .get(CameraCharacteristics.SENSOR_ORIENTATION);
    rotationCompensation = (rotationCompensation + sensorOrientation +
                    270) % 360;


// Return the corresponding FirebaseVisionImageMetadata rotation value.
    int result;
    switch (rotationCompensation) {
        case 0:
            result = FirebaseVisionImageMetadata.ROTATION_0;
            break;
```

```
        case 90:
            result = FirebaseVisionImageMetadata.ROTATION_90;
            break;
        case 180:
            result = FirebaseVisionImageMetadata.ROTATION_180;
            break;
        case 270:
            result = FirebaseVisionImageMetadata.ROTATION_270;
            break;
        default:
            result = FirebaseVisionImageMetadata.ROTATION_0;
            Log.e(TAG, "Bad rotation value: " + rotationCompensation);
    }
    return result;
}
```

前面的方法与面部识别中使用的方法相同。

```
FirebaseVisionImage image =
        FirebaseVisionImage.fromMediaImage(mediaImage, rotation);
```

### 3．使用 ByteBuffer

可以使用 ByteBuffer 创建一个 FirebaseVisionImage 实例。不过，在此之前，首先必须创建一个 FirebaseVisionImageMetadata 实例。这个实例包含构建视觉图片所需的数据，比如，如下的旋转角度和尺寸。

```
FirebaseVisionImageMetadata metadata = new
    FirebaseVisionImageMetadata.Builder()
        .setWidth(1280)
        .setHeight(720)
        .setFormat(FirebaseVisionImageMetadata.IMAGE_FORMAT_NV21)
        .setRotation(rotation)
        .build();
```

通过前面的实例，有了输入图片的宽度和高度。输入图片可以根据应用程序的需求进行配置。

 如果你想学习更多与图片格式参数相关的知识，可以参考 Android Developers 网站上的代码。

然后，就可以将前面的实例与 ByteBuffer 传入方法 fromByteBuffer 中以创建以下实例。

```
FirebaseVisionImage image = FirebaseVisionImage.fromByteBuffer(buffer,
                              metadata);
```

### 4. 使用 ByteArray

ByteBuffer 类似于用于创建 byte[] 的构建器。与数组不同，ByteBuffer 有更多的辅助函数。除了必须调用 fromByteArray() 函数以外，使用 ByteArray 创建图片与使用 ByteBuffer 创建图片的过程类似，代码如下。

```
FirebaseVisionImage image =
        FirebaseVisionImage.fromByteArray(byteArray, metadata);
```

### 5. 使用文件

可以使用 fromFilePath() 函数从文件中创建视觉图片实例，该函数的参数为 context 和 uri。

```
val image: FirebaseVisionImage?
try {
    image = FirebaseVisionImage.fromFilePath(context, uri);
} catch (IOException e) {
    e.printStackTrace();
}
```

## 4.3.2  创建 FirebaseVisionBarcodeDetector 对象

根据已有的 FirebaseVisionImage，可以使用 FirebaseVisionBarcodeDetector 识别条形码（支持各种一维格式和二维格式）。

```
FirebaseVisionBarcodeDetector detector =
FirebaseVision.getInstance().getVisionBarcodeDetector();
// Or, we can specify the formats to recognize:
FirebaseVisionBarcodeDetector detector =
FirebaseVision.getInstance().getVisionBarcodeDetector(options);
```

## 4.3.3  条形码检测

基于图片检测，监听器回调可以调用成功或者失败的方法。输入如下所示，其中包含已识别 FirebaseVisionBarcode 对象的列表。

```
@Override
protected Task<List<FirebaseVisionBarcode>>
detectInImage(FirebaseVisionImage image) {
    return detector.detectInImage(image);
}


@Override
protected void onSuccess(
        @NonNull List<FirebaseVisionBarcode> barcodes,
        @NonNull FrameMetadata frameMetadata,
        @NonNull GraphicOverlay graphicOverlay) {
    graphicOverlay.clear();
    for (int i = 0; i < barcodes.size(); ++i) {
        FirebaseVisionBarcode barcode = barcodes.get(i);
        BarcodeGraphic barcodeGraphic = new BarcodeGraphic(graphicOverlay,
barcode);
        graphicOverlay.add(barcodeGraphic);
    }
}


@Override
protected void onFailure(@NonNull Exception e) {
    Log.e(TAG, "Barcode detection failed " + e);
}
```

一旦成功检测到一个或者多个条形码，对象 FirebaseVisionBarcode 就需要传入方法中，从而从检测到的条形码中获得数据。基于条形码的类型，可以得到以下对应的输出。

```
for (FirebaseVisionBarcode barcode: barcodes) {
    //Returns a Rect instance that contains the bounding box for the
recognized barcode
    Rect bounds = barcode.getBoundingBox();
//Returns the coordinates for each corner of the barcode.
    Point[] corners = barcode.getCornerPoints();
//Returns the barcode value in its raw format
    String rawValue = barcode.getRawValue();
```

```
//Returns the format type of the barcode
    int valueType = barcode.getValueType();
// See API reference for complete list of supported types
    switch (valueType) {
        case FirebaseVisionBarcode.TYPE_WIFI:
            String ssid = barcode.getWifi().getSsid();
            String password = barcode.getWifi().getPassword();
            int type = barcode.getWifi().getEncryptionType();
            break;
        case FirebaseVisionBarcode.TYPE_URL:
            String title = barcode.getUrl().getTitle();
            String url = barcode.getUrl().getUrl();
            break;
    }
}
```

根据上面的输出，应该可以使用 ML Kit 扫描条形码（见下图）。对于任何零售应用程序来说，这是一个非常方便的工具。

现在，我们从代码库获取代码，并开始体验。

　本章的源代码参见 GitHub 网站。

# 4.4 文本识别

完成了人脸检测和条形码识别之后，我们开始构建一个可以根据输入图片或者相机拍摄的照片来识别其中文本的应用程序。这种方法称为**光学字符识别**（Optical Character Recognition，OCR）。文本识别既支持基于设备上的文本识别，也支持基于云端的文本识别。

## 4.4.1 基于设备的文本识别

我们跳过用于人脸识别和条形码扫描的默认方法。

创建 `FirebaseVisionImage` 对象之后，将创建 `detector` 实例，并通过如下代码将其传入 `VisionImage` 对象，这与之前在人脸识别和条形码扫描中的操作类似。

```
FirebaseVisionTextDetector detector = FirebaseVision.getInstance()
        .getVisionTextDetector();
```

### 识别设备上的文本

要实现文本识别，应将图像对象传到 `detector` 实例的 `detectInImage()` 方法中。下面的代码块完成了这个操作。

```
Task<FirebaseVisionText> result =
        detector.detectInImage(image)
                .addOnSuccessListener(new
OnSuccessListener<FirebaseVisionText>() {
                    @Override
                    public void onSuccess(FirebaseVisionText
firebaseVisionText) {
                        // Task completed successfully
                        // ...
                    }
                })
                .addOnFailureListener(
                    new OnFailureListener() {
                        @Override
```

```
                           public void onFailure(@NonNull Exception e) {
                               // Task failed with an exception
                               // ...
                           }
                       });
```

一旦成功识别了文本，就可以使用下面的代码块解析 FirebaseVisionText 对象来进一步处理文本。

```
for (FirebaseVisionText.Block block: firebaseVisionText.getBlocks()) {
    Rect boundingBox = block.getBoundingBox();
    Point[] cornerPoints = block.getCornerPoints();
    String text = block.getText();

    for (FirebaseVisionText.Line line: block.getLines()) {
        // ...
        for (FirebaseVisionText.Element element: line.getElements()) {
            // ...
        }
    }
}
```

现在，我们已经习惯了在任何给定的媒体中查找人脸、条形码和文本（见下图）。下一节介绍如何在云端进行文本识别。

## 4.4.2 基于云端的文本识别

为了使用基于云端的文本识别，需要在项目的开发者控制台中启用 Google Vision API。Cloud API 需要额外的花费，但是每月对于 API 的前 1000 条调用免费。无论如何，你仍然需要输入你的信用卡信息来确保订阅计划的安全性。根据自己的需要选择是否启用。

**配置检测器**

需要配置 FirebaseVisionCloudDetectorOptions 对象。默认情况下，云检测器使用模型的 STABLE 版本，并且最多返回 10 条结果。不过，可以根据需要进行更改，并按照下面的代码设置参数。

```
FirebaseVisionCloudDetectorOptions options =
 new FirebaseVisionCloudDetectorOptions.Builder()
 .setModelType(FirebaseVisionCloudDetectorOptions.LATEST_MODEL)
 .setMaxResults(12)
 .build();
```

为了使用默认设置，需要在下一阶段使用 FirebaseVisionCloudDetectorOptions.DEFAULT。

之后，要创建 FirebaseVisionImage 对象。因为这在前面的人脸识别和条形码扫描中已经介绍过，所以这里直接跳过。

创建 detector 对象，然后传入图片对象。

```
FirebaseVisionCloudTextDetector detector = FirebaseVision.getInstance()
        .getVisionCloudTextDetector();
// Or, to change the default settings:
// FirebaseVisionCloudTextDetector detector = FirebaseVision.getInstance()
//        .getVisionCloudTextDetector(options);
```

现在，我们会将图片对象传入 detectInImage()方法中。

```
Task<FirebaseVisionCloudText> result = detector.detectInImage(image)
        .addOnSuccessListener(new
OnSuccessListener<FirebaseVisionCloudText>() {
        @Override
```

```
        public void onSuccess(FirebaseVisionCloudText
firebaseVisionCloudText) {
            // Task completed successfully
            // ...
        }
    })
    .addOnFailureListener(new OnFailureListener() {
        @Override
        public void onFailure(@NonNull Exception e) {
            // Task failed with an exception
            // ...
        }
    });
```

根据成功检测到的文本，我们将会得到一个文本块列表。之后，就可以按照下面的代码
继续处理。

```
String recognizedText = firebaseVisionCloudText.getText();

for (FirebaseVisionCloudText.Page page: firebaseVisionCloudText.getPages())
{
    List<FirebaseVisionCloudText.DetectedLanguage> languages =
            page.getTextProperty().getDetectedLanguages();
    int height = page.getHeight();
    int width = page.getWidth();
    float confidence = page.getConfidence();

    for (FirebaseVisionCloudText.Block block: page.getBlocks()) {
        Rect boundingBox = block.getBoundingBox();
        List<FirebaseVisionCloudText.DetectedLanguage> blockLanguages =
                block.getTextProperty().getDetectedLanguages();
        float blockConfidence = block.getConfidence();
        // And so on: Paragraph, Word, Symbol
    }
}
```

# 4.5　本章小结

现在，我们已经可以熟练实现基于移动设备的 ML 应用程序的基本功能，包括文本检测、人脸检测和条形码扫描。类似地，我们可以通过云端 API 实现图片标记和关键点检测。我们可以看到，ML Kit 能覆盖基于移动设备的 ML 应用程序的基本需求。

下一章将要介绍如何构建**增强现实**（Augmented Reality，AR）滤镜（类似于 Snapchat 中的滤镜）。

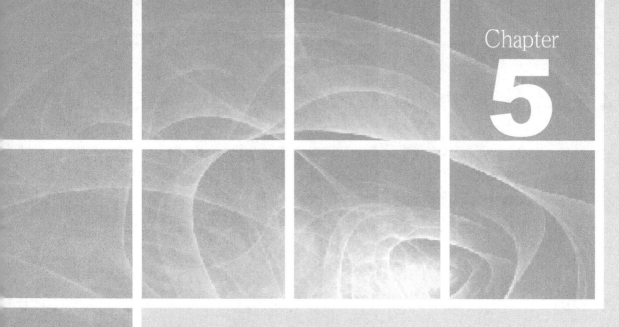

Chapter

5

第 5 章

# 在 Android 上的
# AR 滤镜

本章将使用 TensorFlow Lite 构建一个**增强现实**（Augmented Reality，AR）滤镜，它通常用在 Snapchat 和 Instagram 等应用程序上。借助这个应用程序，可以将 AR 滤镜放在实时相机视图之上。比如，可以在男性面部的合适位置添加胡须，也可以在眼睛上方添加相关的表情。TensorFlow Lite 可以使用相机视图检测性别和表情。

本章将会介绍下面的主题：

- MobileNet 模型；

- 构建模型转换需要的数据集；

- 构建 Android 应用程序的方法。

# 5.1　MobileNet 模型

我们使用 MobileNet 模型来识别性别，同时使用 AffectNet 模型来检测表情，使用 Google 的 Mobile Vision API 实现面部关键点检测。

神经网络与深度学习在**自然语言处理**（Natural Language Processing，NLP）和计算机视觉领域产生了巨大的进步。而许多人脸、物体、地标、标志和文本识别技术都是为联网设备而准备的，我们相信随着移动设备计算能力的不断提升，这些技术能够不受互联网连接的影响，随时随地让用户直接使用。不过，设备上的计算机视觉和嵌入式应用程序面临很多挑战——模型必须在资源受限的环境中使用有限的计算能力、功率和空间快速并且高准确率地运行。

为了识别近 1000 种默认对象，TensorFlow 提供了各种预先训练好的模型，如拖放模型。与其他类似模型（如 Inception 模型数据集）相比较，MobileNet 在延迟、大小和精准度上有更好的表现。从输出性能上说，MobileNet 有大量延迟，并且具有一个成熟的模型。不过，当模型可部署在移动设备上并用于实时脱机模型检测时，这种妥协是可以接受的。

本章的源代码可以在 GitHub 网站中找到。

MobileNet 架构处理 3×3 卷积层的方式与典型的 CNN 不同。

如果要了解 MobileNet 架构的详细情况，请访问 arXiv 网站。

我们通过一个例子，看看如何使用 MobileNet。在这种情况下，我们不再构建一个更通用的数据集。相反，我们将会写一个简单的分类器以找到图片中的皮卡丘。在下面两张示例图片中，一张有皮卡丘，另外一张没有皮卡丘。

## 构建数据集

要构建自己的分类器，首先需要一个包含皮卡丘图片和不包换皮卡丘图片的数据集。每个数据集中可以有 1000 张图片，可以在 creativecommons 网站中找到这些图片。

创建两个文件夹，其中一个名为 pikachu（它里面的图片都有皮卡丘），另一个文件夹名为 no-pikachu（它里面的图片都不包含皮卡丘）。始终确保你拥有这些图片的使用权，尤其是出于商业目的。

 Google 和 Bing 的图片分类器 API 参见 GitHub 网站。

现在我们已经有了一个图片文件夹，目录如下。

```
/dataset/
    /pikachu/[image1,..]
    /no-pikachu/[image1,..]
```

### 1. 重新训练图片

现在可以开始标记图片了。使用 TensorFlow，这个过程变得非常简单。如果已经安装了 TensorFlow，就下载下面重新训练图片的脚本。

```
curl
https://github.com/tensorflow/hub/blob/master/examples/
image_retraining/retrain.py
```

现在使用 Python 脚本重新训练图片。

```
python retrain.py \
--image_dir ~/MLmobileapps/Chapter5/dataset/ \
--learning_rate=0.0001 \
--testing_percentage=20 \
--validation_percentage=20 \
--train_batch_size=32 \
--validation_batch_size=-1 \
--eval_step_interval=100 \
--how_many_training_steps=1000 \
--flip_left_right=True \
--random_scale=30 \
--random_brightness=30 \
--architecture mobilenet_1.0_224 \
--output_graph=output_graph.pb \
--output_labels=output_labels.txt
```

如果将 validation_batch_size 设置为-1，它将会验证整个数据集，同时 learning_rate=0.0001 用于设置合适的学习速率。可以自行调整并尝试这些设置。对于 architecture 标记，可以选择使用的 MobileNet 版本为 1.0、0.75、0.5 和 0.25。后缀 224 表示图片的分辨率。可以指定分辨率为 224 像素/英寸、192 像素/英寸、160 像素/英寸或者 128 像素/英寸。

## 2. 从 GraphDef 到 TFLite 的模型转换

使用 TocoConverter 将 TensorFlow GraphDef 文件或者 SavedModel 转换为 TFLite FlatBuffer 或者图片可视化形式。TOCO 的全拼是 TensorFlow Lite Optimizing Converter。

我们需要从命令行参数中传入数据。下面列出了 TensorFlow 1.10.0 的部分命令行参数。

```
--output_file OUTPUT_FILE
Filepath of the output tflite model.
--graph_def_file GRAPH_DEF_FILE
Filepath of input TensorFlow GraphDef.
--saved_model_dir
Filepath of directory containing the SavedModel.
```

```
--keras_model_file

Filepath of HDF5 file containing tf.Keras model.

--output_format {TFLITE,GRAPHVIZ_DOT}

Output file format.

--inference_type {FLOAT,QUANTIZED_UINT8}

Target data type in the output

--inference_input_type {FLOAT,QUANTIZED_UINT8}

Target data type of real-number input arrays.

--input_arrays INPUT_ARRAYS

Names of the input arrays, comma-separated.

--input_shapes INPUT_SHAPES

Shapes corresponding to --input_arrays, colon-separated.

--output_arrays OUTPUT_ARRAYS

Names of the output arrays, comma-separated.
```

现在可以使用 toco 工具将 TensorFlow 模型转换为 TensorFlow Lite 模型。

```
toco \
 --graph_def_file=/tmp/output_graph.pb
 --output_file=/tmp/optimized_graph.tflite
 --input_arrays=Mul
 --output_arrays=final_result
 --input_format=TENSORFLOW_GRAPHDEF
 --output_format=TFLITE
 --input_shape=1,${224},${224},3
 --inference_type=FLOAT
 --input_data_type=FLOAT
```

现在在应用程序中有两种模型文件——性别模型和表情模型。下面两节将分别介绍它们。

 为了将 ML 模型转到为 TensorFlow 1.9.0～1.11.0 版本，需要使用 TocoConverter。TocoConverter 在语义上与 TFLite Converter 的功能相同。为了将模型转换为 TensorFlow 1.9，使用 toco_convert 函数。通过 help(tf.contrib.lite.toco_convert) 获取参数的详细信息。

**1）性别模型**

性别模型使用 IMDB WIKI 数据集来构建，该数据集包含 500 万多张明星脸。性别模型使用了 V1_224_0.5 版本的 MobileNet。

可以在 Computer Vision Laboratory 网站上的论文 "DEX: Deep EXpectation of apparent age from a single image" 中找到数据模型项目。

　　一般很难找到有这么多图片的公开数据集。这个数据集包含了大量的明星照片，其主要来源于两个地方：一个是 IMDb，另一个是维基百科。通过脚本，在这个网站爬取了超过 10 万张涉及明星面部细节的照片。通过去除噪声（不相关的内容）整理数据集。没有时间戳的照片都被删除，假设只有单张照片的图片显示的人和出生日期的细节很可能是正确的。经过处理，最后剩下 523 051 张照片，其中有 20 284 位明星的 460 723 张人脸照片来自 IMDb，还有 62 328 张来自维基百科。

 这个模型背后的论文 "Deep EXpectation of apparent age from a single image" 可以参见 Computer Vision Laboratory 网站。这个模型宣称只能用于研究目的。虽然可以重复使用第 2 章介绍的模型，但是我们想让你接触不同的数据集，因此选择了这个都是明星脸的数据集。可以根据自己的实际需要选择更适合自己的数据集。

这篇论文的作者是 Rasmus Rothe and Radu Timofte and Luc Van G，文章发表在 2016 年 7 月的《International Journal of Computer Vision》（IJCV）杂志上。

**2）表情模型**

　　表情模型构建在 AffectNet 模型上，这个模型有超过 100 万张图片。它使用的 MobileNet 版本为 MobileNet_V2_224_1.4。

 数据模型项目的链接可以参见 mohammadmahoor 网站。

　　AffectNet 模型的构建方法是收集并标注互联网上超过 100 万张人脸。这些图片来源于搜索引擎，使用了 6 种语言中约 1250 个相关的关键词。在收集的图片中，对一半的图片是否包含 7 种不同的面部表情（分类模型）以及 valence（表示面部表情的正负程度）和 arousal（表示情绪平静和激动的程度）的强度（维度模型）进行了手工标注。

**3）MobileNet 版本对比**

　　在这里的两个模型中，我们使用了不同的 MobileNet 模型版本。MobileNet V2 是 V1 的升级版，前者具有更高的效率和性能。我们将会查看这两个模型之间的一些差异。

| 版本 | MVC运算的次数 | 参数个数 |
| --- | --- | --- |
| MobileNet V1 | 5.69亿 | $4.24 \times 10^6$ |
| MobileNet V2 | 3亿 | $3.47 \times 10^6$ |

上面的图片显示了 MobileNet V1 和 V2 中的数字属于深度系数为 1.0 的模型版本。表中的数字越小越好。从结果中我们可以看出，V2 版本几乎比 V1 版本快 1 倍。在移动设备上，当内存访问受限时，V2 的计算能力非常好。

 MAC（Multiply Accumulate）表示乘加运算，它用于衡量在 224×224 像素的 RGB 图片上需要执行多少次运算。当图片尺寸增大时，计算量也会增加。

只根据 MAC 的值，V2 基本上比 V1 快 1 倍。不过，影响因素不只是计算量。在移动设备上，内存访问比计算慢很多。V2 在这里还有一个优势：它仅需要 V1 中 80% 的参数。下图对比了准确率。

| 版本 | 排名第1的准确率 | 排名第5的准确率 |
| --- | --- | --- |
| MobileNet V1 | 70.9% | 89.9% |
| MobileNet V2 | 71.8% | 91.0% |

上图使用 ImageNet 数据集进行测试。这些数字可能具有误导性，因为它依赖于推导这些数字时考虑的所有约束条件。

 这个模型背后的论文请参见 mohammadmahoor 网站上 2017 年 8 月发表的相关论文。

## 5.2 构建 Android 应用程序

现在，使用 Android Studio 创建一个新的 Android 项目。这个项目可命名为 ARFilter（见下图），或者你喜欢的名字。

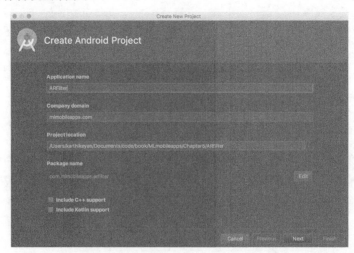

在下一个界面中，选择应用程序支持的 Android OS 的版本，这里选择 **API 15**，此处没有显示。这个版本基本上可以覆盖所有的 Android 设备。当选好之后，可以单击 **Next** 按钮。在下一个界面中，选择 **Add No Activity**，并单击 **Finish** 按钮（见下图）。这会创建一个空项目。

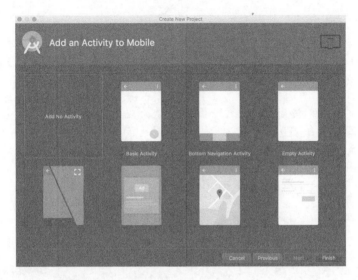

项目创建完毕之后，在菜单栏中，选择 New→Activity→Empty Activity，以添加一个空活动（见下图）。根据需要，可以选择不同的活动风格。

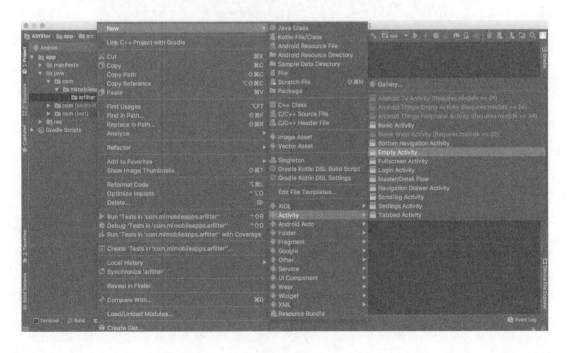

通过勾选下一个界面中的 Launcher Activity 复选框，启动创建的活动。这会在 AndroidManifest.xml 文件特定的活动中添加一个意图过滤器。

```
<intent-filter>

    <action android:name="android.intent.action.MAIN" />

    <category android:name="android.intent.category.LAUNCHER" />

</intent-filter>
```

<intent-filter>: 为了指出应用程序可以接收哪些隐式意图，在清单文件中，使用<intent-fitler>为应用程序声明一个或者多个意图过滤器。每个意图过滤器会基于意图的行为、数据和分类，指定它接收的类型。只有当意图可以通过其中一个意图过滤器时，系统才会将隐式意图传递给应用程序组件。在这里，该意图表示在用户打开应用程序时首先启动 Launcher Activity。

接下来，将会命名 Launcher Activity（见下图）。

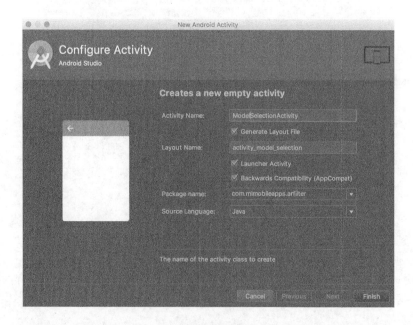

一旦创建了活动，就要开始为活动设计**用户界面**（User Interface，UI）布局。在这个应用程序中，用户使用这个界面选择使用哪个模型。有两个模型用于性别和表情检测，之前已经介绍过了相关细节。在这个活动中，将会添加两个按钮和它们对应的模型分类器，如下图所示。

当选择了某个模型之后，就会使用 clickListener 事件和 ModelSelection Activity 类启动下一个活动。根据单击的是 DETECT GENDER 还是 DETECT EMOTION 按钮，会将信息传递给 ARFilterActivity。然后对应的模型就会载入内存中。

```
@Override
public void onClick(View view) {

    int id = view.getId();


    if(id==R.id.genderbtn){

        Intent intent = new Intent(this, ARFilterActivity.class);

        intent.putExtra(ARFilterActivity.MODEL_TYPE,"gender");

        startActivity(intent);

    }
    else if(id==R.id.emotionbtn){

        Intent intent = new Intent(this,ARFilterActivity.class);

        intent.putExtra(ARFilterActivity.MODEL_TYPE,"emotion");

        startActivity(intent);

    }

}
```

意图就是一个消息对象，可以使用它从另外一个应用程序组件中请求某个操作。虽然意图促进了组件之间的通信，但是它还有 3 个基本用途，分别是启动一个活动，启动一个服务，发出一个广播。

在 ARFilterActivity 中，将会有实时的 view 分类。传入的对象将会被过滤器活动接收，在这个活动中将会调用对应的分类器。基于之前活动中选择的分类器，对应的模型将会在 OnCreate() 中载入 ARFilterActivity，代码如下。

```
public static String classifierType(){
    String type = mn.getIntent().getExtras().getString("TYPE");
    if(type!=null) {
        if(type.equals("gender"))
            return "gender";
        else
            return "emotion";
    }
    else
        return null;
}
```

为了通过 activity_arfilter 布局在底部显示结果，要相应地设计 UI。CameraSource Preview 初始化了 Camera2 API，在视图内部添加了 GraphicOverlay 类。这个视图渲染了一系列自定义图形，这些图形重叠在相关联的预览视图（相机的预览视图）上。创造器可以添加图片对象，更新对象或者移除对象，触发视图中合适的绘制或者验证操作。

它支持缩放操作或者相对于相机的预览图形对图形执行镜像操作。其思想就是检测项以预览大小来表示，但需要放大到完整的视图大小，并在前置相机的情况下执行镜像操作。

```
<com.mlmobileapps.arfilter.CameraSourcePreview
    android:id="@+id/preview"
    android:layout_width="wrap_content"
    android:layout_height="wrap_content">

    <com.mlmobileapps.arfilter.GraphicOverlay
        android:id="@+id/faceOverlay"
        android:layout_width="match_parent"
```

```
                    android:layout_height="match_parent" />

</com.mlmobileapps.arfilter.CameraSourcePreview>
```

使用来自 Google 开源代码项目的 CameraPreview 类，根据不同的 Android API 等级 CAMERA 对象需要用户权限。

 Google 相机 API 的细节参见 GitHub 网站。

一旦准备好相机 API，为了使用相机功能，就需要通过以下代码从用户那里获得合适的权限。需要的权限包括 Manifest.permission.CAMERA 和 Manifest.permission. WRITE_EXTERNAL_STORAGE。

```
private void requestPermissionThenOpenCamera() {

    if(ContextCompat.checkSelfPermission(context,

Manifest.permission.CAMERA) == PackageManager.PERMISSION_GRANTED) {

        if (ContextCompat.checkSelfPermission(context,

Manifest.permission.WRITE_EXTERNAL_STORAGE) ==

PackageManager.PERMISSION_GRANTED) {

            Log.e(TAG, "requestPermissionThenOpenCamera:

                    "+Build.VERSION.SDK_INT);

            useCamera2 = (Build.VERSION.SDK_INT >=

Build.VERSION_CODES.LOLLIPOP);

            createCameraSourceFront();

        } else {

            ActivityCompat.requestPermissions(this, new String[]

{Manifest.permission.WRITE_EXTERNAL_STORAGE}, REQUEST_STORAGE_PERMISSION);

        }

    } else {

        ActivityCompat.requestPermissions(this, new

String[]{Manifest.permission.CAMERA}, REQUEST_CAMERA_PERMISSION);

    }

}
```

现在，我们已经拥有了一个应用程序，它有一个界面用于显示载入哪个模型。在下一个界面，我们准备好了相机视图。现在，我们需要载入合适的模型，检测屏幕上的人脸，并应用合适的过滤器。

通过 Google Vision API 完成了真实相机视图上的人脸检测。在下面的代码中该 API 可以作为依赖项添加到 build.gradle 中。你应该总是使用最新版本的 api。

```
api 'com.google.android.gms:play-services-vision:15.0.0'
```

图片分类对象在 ARFilterActivity 的 OnCreate()方法中初始化。对应的模型会根据用户的选择载入，代码如下。

```
private void initPaths(){
  String type = ARFilterActivity.classifierType();
  if(type!=null)
  {
    if(type.equals("gender")){
      MODEL_PATH = "gender.lite";
      LABEL_PATH = "genderlabels.txt";
    }
    else{
      MODEL_PATH = "emotion.lite";
      LABEL_PATH = "emotionlabels.txt";
    }
  }
}
```

一旦决定了载入的模型，我们将会读取文件，并将其载入内存中。载入模型的方法将会在后面介绍。我们还会读取模型标签，并将它们读入内存中。同样，我们也会给输入图片分配内存。

```
//tflite object is created with the model loaded into memory
tflite = new Interpreter(loadModelFile(activity));
//gets the list of defined labels for the model
labelList = loadLabelList(activity);
//input image buffer is created
imgData =
    ByteBuffer.allocateDirect(
        4 * DIM_BATCH_SIZE * DIM_IMG_SIZE_X * DIM_IMG_SIZE_Y *
DIM_PIXEL_SIZE);
imgData.order(ByteOrder.nativeOrder());
```

```
labelProbArray = new float[1][labelList.size()];

filterLabelProbArray = new float[FILTER_STAGES][labelList.size()];
```

模型位于下图所示的 assets 文件夹中。

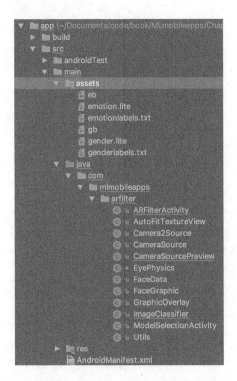

在 AssetManager 中有文件描述符。文件描述符提供了已打开的 FileDescriptor，可用于读取数据以及文件中数据项的偏移量和长度。assets 文件夹在上图中代码库 main 文件夹的下面。

之后，对应的模型就会载入内存，代码如下。

```
/** load the model into memory from assets. */
private MappedByteBuffer loadModelFile(Activity activity) throws
IOException {
  AssetFileDescriptor fileDescriptor =
                        activity.getAssets().openFd(MODEL_PATH);
  FileInputStream inputStream = new
            FileInputStream(fileDescriptor.getFileDescriptor());
            FileChannel fileChannel = inputStream.getChannel();
```

```
                long startOffset = fileDescriptor.getStartOffset();
                long declaredLength = fileDescriptor.getDeclaredLength();
    return fileChannel.map(FileChannel.MapMode.READ_ONLY, startOffset,
declaredLength);
    }
```

一旦将模型数据载入内存，就需要通过以下代码将对应的标签文件载入列表中。标签文件在 Assets 文件夹中，且在模型文件外。

```
/** Reads label list from Assets. */
private List<String> loadLabelList(Activity activity) throws IOException {
  List<String> labelList = new ArrayList<String>();
  BufferedReader reader =
      new BufferedReader(new
InputStreamReader(activity.getAssets().open(LABEL_PATH)));
  String line;
  while ((line = reader.readLine()) != null) {
    labelList.add(line);
  }
  reader.close();
  return labelList;
}
```

在实时相机视图中，每一帧的数据通过 ImageClassifier 解析。所有的 ML 算法和基于视觉的库都会将输入转换为数据。因此，我们将输入图片的数据转换为 ByteBuffer。之后把传递的位图值转换为 ByteBuffer，代码如下。

```
private void convertBitmapToByteBuffer(Bitmap bitmap) {
    if (imgData == null) {
      return;
    }
    imgData.rewind();
    bitmap.getPixels(intValues, 0, bitmap.getWidth(), 0, 0,
bitmap.getWidth(), bitmap.getHeight());
    // Convert the image to floating point.
    int pixel = 0;
    long startTime = SystemClock.uptimeMillis();
```

```
    for (int i = 0; i < DIM_IMG_SIZE_X; ++i) {
      for (int j = 0; j < DIM_IMG_SIZE_Y; ++j) {
        final int val = intValues[pixel++];
        imgData.putFloat((((val >> 16) & 0xFF)-IMAGE_MEAN)/IMAGE_STD);
        imgData.putFloat((((val >> 8) & 0xFF)-IMAGE_MEAN)/IMAGE_STD);
        imgData.putFloat((((val) & 0xFF)-IMAGE_MEAN)/IMAGE_STD);
      }
    }
    long endTime = SystemClock.uptimeMillis();
//    Log.d(TAG, "Timecost to put values into ByteBuffer: " +
Long.toString(endTime - startTime));
  }
```

之后，调用 classifyFrame() 方法。一旦将输入数据放入 ByteBuffer 中，就可以通过调用 TensorFlow Lite 使用 run() 方法对输入进行分类。下面就是见证奇迹的代码。

```
convertBitmapToByteBuffer(bitmap);
// Here's where the magic happens!!!
long startTime = SystemClock.uptimeMillis();
tflite.run(imgData, labelProbArray);
long endTime = SystemClock.uptimeMillis();
Log.d(TAG, "Timecost to run model inference: " + Long.toString(endTime -
startTime));


// smooth the results
applyFilter();
```

 ByteBuffer 是一个令人困惑的类。它有点像基于 RAM 的 RandomAccess File。也有点像没有自动增长功能的 ByteArrayList，用于连续地处理部分填充了 byte[] 的数据结构。它没有异步方法，功能非常有限。你必须显式地清理或者填充缓冲区，并且显式地读取或者写入缓冲区。你还需要避免过度填充缓冲区。

一旦从 TensorFlow Lite 模型中获取了结果，就可以开始应用过滤器，在相机视图上覆盖对应的过滤器。在 applyFilter 方法内部，当前帧会获得对应的标签并且显示在屏幕上，如下所示。

```
void applyFilter(){
  int num_labels = labelList.size();
```

```
  // Low pass filter `labelProbArray` into the first stage of the
    filter.
  for(int j=0; j<num_labels; ++j){
    filterLabelProbArray[0][j] += FILTER_FACTOR*(labelProbArray[0][j] -
filterLabelProbArray[0][j]);
  }
  // Low pass filter each stage into the next.
  for (int i=1; i<FILTER_STAGES; ++i){
    for(int j=0; j<num_labels; ++j){
      filterLabelProbArray[i][j] += FILTER_FACTOR*(
              filterLabelProbArray[i-1][j] -
              filterLabelProbArray[i][j]);
    }
  }


  // Copy the last stage filter output back to `labelProbArray`.
  for(int j=0; j<num_labels; ++j){
    labelProbArray[0][j] = filterLabelProbArray[FILTER_STAGES-1][j];
  }
}
```

我们将会在相机视图下面的视图中输出最可能的值。在下面的代码中，添加屏幕截图。我们将会格式化数据并显示在屏幕上。一旦标签按照可能性进行了标识，最上面的标签就会作为结果返回。

```
/** Prints top labels, to be shown in UI as the results. */
private String printTopKLabels() {
  for (int i = 0; i < labelList.size(); ++i) {
    sortedLabels.add(
        new AbstractMap.SimpleEntry<>(labelList.get(i),
labelProbArray[0][i]));
    if (sortedLabels.size() > RESULTS_TO_SHOW) {
      sortedLabels.poll();
    }
  }
```

```
    String textToShow = "";

    final int size = sortedLabels.size();

    for (int i = 0; i < size; ++i) {

      Map.Entry<String, Float> label = sortedLabels.poll();

      textToShow = String.format("\n%s: %3s",label.getKey(),
Math.round(label.getValue()*100) + "%"+textToShow);


      if(i==size-1)

        topLabel = label.getKey();

    }

    return textToShow;

  }
```

现在，回到 ARFilterActivity。使用 Google Vision API 和 GraphicFaceTracker Factory，可以检测到每帧中的人脸。这里将会使用 Google Vision API 中的 FaceDetector 方法。

```
private void createCameraSourceFront() {

        previewFaceDetector = new FaceDetector.Builder(context)

                .setClassificationType(FaceDetector.NO_CLASSIFICATIONS)

                .setLandmarkType(FaceDetector.ALL_LANDMARKS)

                .setMode(FaceDetector.FAST_MODE)

                .setProminentFaceOnly(usingFrontCamera)

                .setTrackingEnabled(true)

                .setMinFaceSize(usingFrontCamera?0.35f : 0.15f)

                .build();


        if(previewFaceDetector.isOperational()) {

            previewFaceDetector.setProcessor(new
MultiProcessor.Builder<>(new GraphicFaceTrackerFactory()).build());

        } else {

            Toast.makeText(context, "FACE DETECTION NOT AVAILABLE",

                        Toast.LENGTH_SHORT).show();

        }

        Log.e(TAG, "createCameraSourceFront: "+useCamera2 );

        if(useCamera2) {
```

```
            mCamera2Source = new Camera2Source.Builder(context,
                            previewFaceDetector)
                    .setFocusMode(Camera2Source.CAMERA_AF_AUTO)
                    .setFlashMode(Camera2Source.CAMERA_FLASH_AUTO)
                    .setFacing(Camera2Source.CAMERA_FACING_FRONT)
                    .build();
            startCameraSource();
        } else {
            mCameraSource = new CameraSource.Builder(context,
                            previewFaceDetector)
                    .setFacing(CameraSource.CAMERA_FACING_FRONT)
                    .setRequestedFps(30.0f)
                    .build();

            startCameraSource();
        }
    }
```

FaceDetector 中的参数如下。

- ACCURATE_MODE：在扩展设置中指定准确率偏好，以提供更多准确率选择。

- ALL_CLASSIFICATIONS：按照睁着眼和微笑两种表情进行分类。

- ALL_LANDMARKS：检测所有特征点。

- FAST_MODE：在扩展设置中指定速度偏好，以提供更多准确率选择。

- NO_CLASSIFICATIONS：不执行分类。

- NO_LANDMARKS：不执行特征点检测。

我们接着检测所有的面部特征点，并将信息传给 FaceData 类，代码如下。

```
// Get head angles.
mFaceData.setEulerY(face.getEulerY());
mFaceData.setEulerZ(face.getEulerZ());


// Get face dimensions.
mFaceData.setPosition(face.getPosition());
```

```
mFaceData.setWidth(face.getWidth());
mFaceData.setHeight(face.getHeight());

// Get the positions of facial landmarks.
mFaceData.setLeftEyePosition(getLandmarkPosition(face,
                              Landmark.LEFT_EYE));
mFaceData.setRightEyePosition(getLandmarkPosition(face,
                              Landmark.RIGHT_EYE));
mFaceData.setMouthBottomPosition(getLandmarkPosition(face,
                              Landmark.LEFT_CHEEK));
mFaceData.setMouthBottomPosition(getLandmarkPosition(face,
                              Landmark.RIGHT_CHEEK));
mFaceData.setNoseBasePosition(getLandmarkPosition(face,
                              Landmark.NOSE_BASE));
mFaceData.setMouthBottomPosition(getLandmarkPosition(face,
                              Landmark.LEFT_EAR));
mFaceData.setMouthBottomPosition(getLandmarkPosition(face,
                              Landmark.LEFT_EAR_TIP));
mFaceData.setMouthBottomPosition(getLandmarkPosition(face,
                              Landmark.RIGHT_EAR));
mFaceData.setMouthBottomPosition(getLandmarkPosition(face,
                              Landmark.RIGHT_EAR_TIP));
mFaceData.setMouthLeftPosition(getLandmarkPosition(face,
                              Landmark.LEFT_MOUTH));
mFaceData.setMouthBottomPosition(getLandmarkPosition(face,
                              Landmark.BOTTOM_MOUTH));
mFaceData.setMouthRightPosition(getLandmarkPosition(face,
                              Landmark.RIGHT_MOUTH));
```

一旦识别了所有的面部关键点,就可以做出对应的决定。当识别一张脸的时候,将会做出两个决定。首先检查眼睛是否睁开,然后检查是否处于微笑状态,代码如下。

```
// Decision: 1
//Identifies whether the eyes are open
final float EYE_CLOSED_THRESHOLD = 0.4f;
float leftOpenScore = face.getIsLeftEyeOpenProbability();
if (leftOpenScore == Face.UNCOMPUTED_PROBABILITY) {
```

```
        mFaceData.setLeftEyeOpen(mPreviousIsLeftEyeOpen);
    } else {
        mFaceData.setLeftEyeOpen(leftOpenScore > EYE_CLOSED_THRESHOLD);
        mPreviousIsLeftEyeOpen = mFaceData.isLeftEyeOpen();
    }
    float rightOpenScore = face.getIsRightEyeOpenProbability();
    if (rightOpenScore == Face.UNCOMPUTED_PROBABILITY) {
        mFaceData.setRightEyeOpen(mPreviousIsRightEyeOpen);
    } else {
        mFaceData.setRightEyeOpen(rightOpenScore > EYE_CLOSED_THRESHOLD);
        mPreviousIsRightEyeOpen = mFaceData.isRightEyeOpen();
    }


    // Decision: 2
    // identifies if person is smiling.
    final float SMILING_THRESHOLD = 0.8f;
    mFaceData.setSmiling(face.getIsSmilingProbability() > SMILING_THRESHOLD);
```

检测到的面部数据将会传入计算面部关键点坐标的方法中。

```
/** Given a face and a facial landmark position,
 * return the coordinates of the landmark if known,
 * or approximated coordinates (based on prior data) if not.
 */
private PointF getLandmarkPosition(Face face, int landmarkId) {
    for (Landmark landmark : face.getLandmarks()) {
        if (landmark.getType() == landmarkId) {
            return landmark.getPosition();
        }
    }


    PointF landmarkPosition =
            mPreviousLandmarkPositions.get(landmarkId);
    if (landmarkPosition == null) {
        return null;
    }
```

```
        float x = face.getPosition().x + (landmarkPosition.x *
                                          face.getWidth());
        float y = face.getPosition().y + (landmarkPosition.y *
                                          face.getHeight());
        return new PointF(x, y);
    }
```

一旦识别了所有的数据，就可以开始在数据上应用过滤器，这些数据由叠加在实时相机视图上的对应过滤器捕捉。GraphicOverlay 对象将会传入相机预览视图，代码如下。

```
private void startCameraSource() {
    if(useCamera2) {
        if(mCamera2Source != null) {
            cameraVersion.setText("Camera 2");
            try {mPreview.start(mCamera2Source, mGraphicOverlay);
            } catch (IOException e) {
                Log.e(TAG, "Unable to start camera source 2.", e);
                mCamera2Source.release();
                mCamera2Source = null;
            }
        }
    } else {
        if (mCameraSource != null) {
            cameraVersion.setText("Camera 1");
            try {mPreview.start(mCameraSource, mGraphicOverlay);
            } catch (IOException e) {
                Log.e(TAG, "Unable to start camera source.", e);
                mCameraSource.release();
                mCameraSource = null;
            }
        }
    }
}
```

一旦识别了性别，就在检测到的人脸上应用对象 GraphicOverlay。所有与这些过滤器相关的魔法效果都源于 FaceGraphic 类。在 noseBasePosition、mouthRightPosition 和 mouthLeftposition 这 3 个坐标上应用一张胡子图片。

```
drawMoustache(canvas,noseBasePosition,mouthLeftPosition,mouthRightPosition);
```

在 draw 方法中, 针对要叠加的图片, 通过如下代码定义边框的边界。

```
private void drawMoustache(Canvas canvas,
                           PointF noseBasePosition,
                           PointF mouthLeftPosition, PointF
mouthRightPosition) {
    int left = (int)mouthLeftPosition.x;
    int top = (int)noseBasePosition.y;
    int right = (int)mouthRightPosition.x;
    int bottom = (int) Math.min(mouthLeftPosition.y, mouthRightPosition.y);


    if (mIsFrontFacing) {
        mMustacheGraphic.setBounds(left, top, right, bottom);
    } else {
        mMustacheGraphic.setBounds(right, top, left, bottom);
    }
    mMustacheGraphic.draw(canvas);
}
```

在实时视图中, 应用的图形将会如下图所示。

如果分类器在图片中找到了一张女性的脸, 那么就会在她们头上绘制一项帽子而不是胡子, 以此来区分不同的性别。

```
drawHat(canvas, position, width, height, noseBasePosition);
```

在 draw 方法中，为要覆盖的图片定义边框的边界，代码如下。

```
private void drawHat(Canvas canvas, PointF facePosition, float faceWidth,
float faceHeight, PointF noseBasePosition) {
    final float HAT_FACE_WIDTH_RATIO = (float)(4.0 / 4.0);
    final float HAT_FACE_HEIGHT_RATIO = (float)(3.0 / 6.0);
    final float HAT_CENTER_Y_OFFSET_FACTOR = (float)(1.0 / 8.0);

    float hatCenterY = facePosition.y + (faceHeight *
                       HAT_CENTER_Y_OFFSET_FACTOR);
    float hatWidth = faceWidth * HAT_FACE_WIDTH_RATIO;
    float hatHeight = faceHeight * HAT_FACE_HEIGHT_RATIO;

    int left = (int)(noseBasePosition.x - (hatWidth / 2));
    int right = (int)(noseBasePosition.x + (hatWidth / 2));
    int top = (int)(hatCenterY - (hatHeight / 2));
    int bottom = (int)(hatCenterY + (hatHeight / 2));
    mHatGraphic.setBounds(left, top, right, bottom);
    mHatGraphic.draw(canvas);
}
```

当绘制了一顶帽子之后，应用了帽子图形重叠的图片在实时视图中如下图所示。

可以在图片上执行更多有趣的操作，比如，绘制鼻子、嘴等。

## 5.3　参考网站

- GoogleDevelopers 网站

- GitHub

- machinethink 网站

- medium 网站

## 5.4　问题

1. 可以在不同的数据上构建自己的模型吗？

2. 可以绘制一个不同的对象而不是一顶帽子或者胡子吗？

3. 是否可以检测任何其他对象，而不是检测面部，并在上面应用一个不同的滤镜？

## 5.5　本章小结

使用 AR 滤镜，可以实现一个类似于 Snapchat 或者 Instagram 的应用程序。如果你熟悉 OpenCV，那么可以不通过 Google API 来检测人脸。通过 AR 滤镜，可以开发很多 AR 美化类应用程序，比如，虚拟化妆品，虚拟项链选择，虚拟太阳镜选择等。

根据现在已有经验，我们将构建一个识别用户手写图片的应用程序。

在下一章中，我们将构建一个 Android 应用程序，用于识别手写的文字并根据数据对文字进行分类。为此我们将使用 MNIST 数据库。

Chapter

**6**

第 6 章

# 使用对抗学习构建
# 手写数字分类器

在本章中，我们将构建一个 Android 应用程序，使用对抗学习（adversarial learning）识别手写数字并完成数字分类。我们将使用 MNIST 数据集完成数字分类，还将学习**生成式对抗网络**（Generative Adversarial Network，GAN）。

本章将介绍以下内容：

- GAN 的基础知识；
- 修订的美国国家标准与技术研究院（Modified National Institute of Standards and Technology，MNIST）数据集；
- 构建分类器的方法；
- 构建 Android 应用程序的方法。

 本章的源代码可以在 GitHub 网站中找到。

# 6.1 生成式对抗网络

GAN 是机器学习（Machine Learning，ML）算法中的一种，用于非监督式 ML（由两个相互竞争的深度神经网络组成，因此而得名"对抗"）。GAN 是 Ian Goodfellow 和其他学者（包括 Yoshua Bengio）在蒙特利尔大学于 2014 年发明的。

 Ian Goodfellow 关于 GAN 的论文参见 arXiv 网站。

GAN 有模仿任何数据的潜力。这就意味着可以训练 GAN 以创建数据的类似版本，比如，图片、音频或者文本的副本。举个简单的例子，基于斯坦福大学中 Robbie Barrat 的开源代码，佳士得拍卖行拍卖了一份由 GAN 生成的肖像画，价值 432 000 美元。

GAN 简单的工作流如下图所示。

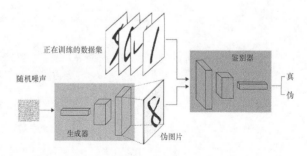

### 生成式与判别式学习算法

为了理解 GAN，我们应该了解判别式和生成式算法的工作原理。判别式算法试图预测一个标签，并对输入数据进行分类或将其按类别放到数据所属的位置。一方面，生成式算法尝试通过给定的标签预测特征。

比如，判别式算法会预测一封邮件是不是垃圾邮件（spam）。在这里，垃圾邮件就是一种标签，从邮件中捕获的文本就是输入的数据。如果将标签记为 $y$，将输入记为 $x$，那么判别算法可以用公式 $p(y|x)$ 表示。

这个公式表示在指定 $x$ 的前提下 $y$ 的概率。在这个例子中，表示根据邮件中包含的文本，判断这封邮件是垃圾邮件的概率。

另一方面，生成式算法会尝试猜测这些输入特征 $x$ 的概率有多大。生成式模型关心的是如何得到 $x$，而判别式模型关心的是 $y$ 和 $x$ 之间的关系。

本章中的每个例子使用的都是 MNIST 数据库，生成器将会生成图片，并将它传给鉴别器。鉴别器将会鉴定这张图片是否真的来自 MNIST 数据库。生成器生成图片，并希望它能通过鉴别器，即使它是假的，也希望鉴定它，如上图所示。

#### GAN 中的操作步骤

基于该例子，假设以数字作为输入，GAN 中的操作步骤如下。

（1）生成器以随机数字作为输入，并返回一张图片作为输出。

（2）把输出图片传给鉴别器，同时鉴别器也会接收到来自数据库的输入。

（3）鉴别器将会拿到真的输入图片和假的输入图片，并返回 0～1 的值以表示概率，1 表示预测正确，0 表示预测错误。

在该应用程序中，通过作为伪图片传递用户手绘的图片，并尝试得到预测正确的概率值来表示相同的情况。

# 6.2 MNIST 数据库

MNIST 数据库包含 60 000 个手写数字。它还包含一个由 10 000 个数字组成的测试数据集。不过，MNIST 数据集是 NIST 数据集的一个子集，这个数据集中的所有数字都是归一化的，并且处于 28×28 像素的图片的中间。每个像素包含 0～255 的灰度值。

 MNIST 数据集可以在 YannLecun 网站上找到。NIST 数据集可以在 NIST 网站上找到。

# 6.3 构建 TensorFlow 模型

在这个应用程序中，我们将构建一个基于 MNIST 数据集的 TensorFlow 模型，它将用在这里的 Android 应用程序中。一旦有了 TensorFlow 模型，就可以将它转换为 TensorFlow Lite 模型。下载模型和构建 TensorFlow 模型的过程如下。

下图展示了模型的工作原理。后面会介绍实现这个模型的方式。

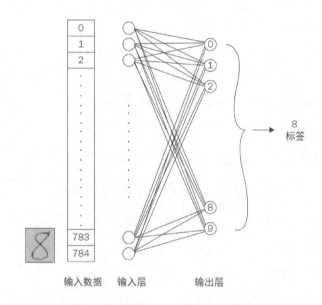

借助 TensorFlow，可以使用一行 Python 代码下载对应的数据。

```
import tensorflow as tf

from tensorflow.examples.tutorials.mnist import input_data

# Reading data

mnist = input_data.read_data_sets("./data/", one_hot=True)
```

现在已经下载了 MNIST 数据集。然后，就可以读取前面介绍的数据。接下来，开始运行脚本以下载数据集。在控制台中运行以下脚本。

```
> python mnist.py
Successfully downloaded train-images-idx3-ubyte.gz 9912422 bytes.
Extracting MNIST_data/train-images-idx3-ubyte.gz
Successfully downloaded train-labels-idx1-ubyte.gz 28881 bytes.
Extracting MNIST_data/train-labels-idx1-ubyte.gz
Successfully downloaded t10k-images-idx3-ubyte.gz 1648877 bytes.
Extracting MNIST_data/t10k-images-idx3-ubyte.gz
Successfully downloaded t10k-labels-idx1-ubyte.gz 4542 bytes.
Extracting MNIST_data/t10k-labels-idx1-ubyte.gz
```

一旦准备好了数据集，就会通过如下代码添加一些应用程序中要使用的变量。需要定义这些变量来控制在每层上构建模型的参数，这些模型将会在 TensorFlow 框架中使用。

```
image_size = 28
labels_size = 10
learning_rate = 0.05
steps_number = 1000
batch_size = 100
```

这个分类过程很简单，28×28 像素的图片的总像素数是 784。因此，在输入层中有对应的数字。一旦建立了架构，我们就会训练网络并对获得的结果进行评估，以了解模型的有效性和准确性。

现在，定义前面添加的变量。根据模型处于训练阶段还是测试阶段，不同的数据将通过分类器传递。训练过程需要标签，以便能够与当前的预测相匹配。这是在变量中定义的，代码如下。

```
# Define placeholders
training_data = tf.placeholder(tf.float32, [None,
                              image_size*image_size])
labels = tf.placeholder(tf.float32, [None, labels_size])
```

当对 computation-graph 求值时，将填充占位符。在训练过程中，调整偏差和权重的值，以提高结果的准确性。为此，要定义权重和偏差参数，代码如下。

```
# Variables to be tuned
W = tf.Variable(tf.truncated_normal([image_size*image_size,
```

```
                  labels_size], stddev=0.1))
    b = tf.Variable(tf.constant(0.1, shape=[labels_size]))
```

一旦调整好变量，就开始构建输出内容。

```
#Build the network (only output layer)
output = tf.matmul(training_data, W) + b
```

# 6.4 训练神经网络

通过优化损失，可以让训练过程发挥作用。我们需要减小实际标签值与网络预测之间的差异。**交叉熵**（cross-entropy）是用来定义损失的术语。

在 TensorFlow 中，交叉熵由下面的方法提供。

```
tf.nn.softmax_cross_entropy_with_logits
```

该方法在模型预测上应用 softmax 函数。softmax 函数类似于逻辑回归，生成 0～1.0 的小数。例如，电子邮件分类器的逻辑回归输出为 0.9，这表明电子邮件有 90% 的可能性是垃圾邮件，有 10% 的可能性不是垃圾邮件。所有概率之和为 1.0，如下表中的例子所示。

| 对　　象 | 概　　率 |
| --- | --- |
| 苹果 | 0.05 |
| 汽车 | 0.80 |
| 向日葵 | 0.01 |
| 杯子 | 0.14 |

softmax 函数是由输出层之前的神经网络层实现的。softmax 层必须具有与输出层相同数量的节点。

损失使用 tf.reduce_mean 方法来定义，在训练步骤中 GradientDescentOptimizer() 方法用于减少损失。

```
# Defining the loss
loss =
  tf.reduce_mean(tf.nn.softmax_cross_entropy_with_logits(labels=labels,
            logits=output))


# Training step with gradient descent
```

```
train_step =
    tf.train.GradientDescentOptimizer(learning_rate).minimize(loss)
```

GradientDescentOptimizer()方法将会通过调整输出中 W 和 b（权重和偏差参数）的值不断减小损失。在接近更准确的预测之前，我们会持续对数值进行调整。

```
# Accuracy calculation
correct_prediction = tf.equal(tf.argmax(output, 1), tf.argmax(labels,
                                1))
accuracy = tf.reduce_mean(tf.cast(correct_prediction, tf.float32))
```

初始化会话和以下变量后就可以开始训练了。

```
# Run the training
sess = tf.InteractiveSession()
sess.run(tf.global_variables_initializer())
```

基于前面定义步骤数的参数，将使用训练的数据集运行算法。根据步骤数运行优化器，代码如下。

```
for i in range(steps_number):
  # Get the next batch
  input_batch, labels_batch = mnist.train.next_batch(batch_size)
  feed_dict = {training_data: input_batch, labels: labels_batch}


  # Run the training step
  train_step.run(feed_dict=feed_dict)
```

借助 TensorFlow，可以测量算法的准确率。这里可以输出准确率。只要准确率提高，就可以继续改进算法，找到停止训练的阈值，代码如下。

```
# Print the accuracy progress on the batch every 100 steps
  if i%100 == 0:
    train_accuracy = accuracy.eval(feed_dict=feed_dict)
    print("Step %d, batch accuracy %g %%"%(i, train_accuracy*100))
```

一旦训练完成，就可以评估网络的性能。可以使用训练数据测量性能。

```
# Evaluate on the test set
test_accuracy = accuracy.eval(feed_dict={training_data:
```

```
                    mnist.test.images, labels: mnist.test.labels})
print("Test accuracy: %g %%"%(test_accuracy*100))
```

当运行 Python 脚本时，控制台中的输出如下。

```
Step 0, training batch accuracy 13 %

Step 100, training batch accuracy 80 %

Step 200, training batch accuracy 87 %

Step 300, training batch accuracy 81 %

Step 400, training batch accuracy 86 %

Step 500, training batch accuracy 85 %

Step 600, training batch accuracy 89 %

Step 700, training batch accuracy 90 %

Step 800, training batch accuracy 94 %

Step 900, training batch accuracy 91 %

Test accuracy: 89.49 %
```

现在准确率已经达到了 89.49%。当尝试更进一步优化结果时，准确率会降低。这就是要设定一个阈值的原因，当达到这个值的时候就停止训练。

我们针对 MNIST 数据集构建 TensorFlow 模型。在 TensorFlow 框架中，可以使用提供的脚本将 MNIST 数据集保存到 TensorFlow(.pb) 模型中。在应用程序的代码库中，也可以找到相同的脚本。

这个应用程序的代码可以在 GitHub 网站中找到。

首先，使用下面的 Python 代码训练模型。

```
$:python mnist.py
```

运行脚本以生成模型。通过添加一些额外的参数，下面的脚本有助于导出模型。

```
python mnist.py --export_dir /./mnist_model
```

可以在 /./mnist_model 目录下以时间戳命名的文件夹（如 /./mnist_model/ 1536628294）中找到 SavedModel。

然后，使用 toco 将获得的 TensorFlow 模型转换为 TensorFlow Lite 模型，代码如下。

```
toco \
 --input_format=TENSORFLOW_GRAPHDEF
 --output_format=TFLITE \
```

```
--output_file=./mnist.tflite
--inference_type=FLOAT \
--input_type=FLOAT
--input_arrays=x \
--output_arrays=output
--input_shapes=1,28,28,1 \
--graph_def_file=./mnist.pb
```

toco 是一个命令行工具，这个工具运行 **TensorFlow Lite 优化转换器**（TensorFlow Lite Optimizing Converter，TOCO），并且可以将 TensorFlow 模型转换为 TensorFlow Lite 模型。之前的 toco 命令会作为输出生成 mnist.tflite 文件，下一节会使用这个文件。这里不会深入介绍 toco 这个工具，因为已经在其他章节介绍过该工具了。

## 6.4.1 构建 Android 应用程序

使用刚才构建的模型一步一步地创建 Android 应用程序。首先，使用 Android Studio 创建新项目。具体步骤如下。

（1）在 Android Studio 中创建新应用程序（见下图）。

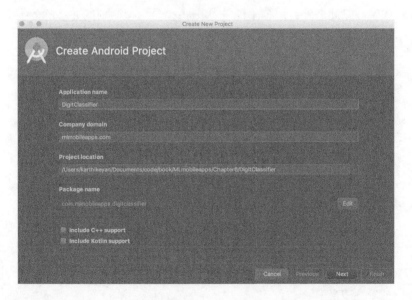

（2）将创建的 TensorFlow Lite 模型和 labels.txt 文件拖动到 assets 文件夹中（见下图）。我们将会从 assets 文件夹读取模型和标签。

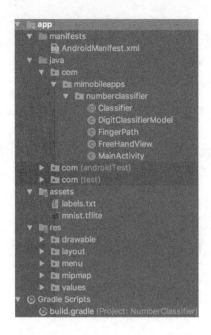

## 6.4.2　用于手写的 FreeHandView

上一节的 Android 应用程序的优势之一就是会创建一个简单的视图，在这个视图上用户可以绘制各种数字。除此之外，屏幕上的柱状图将会显示检测到的数字的分类。

我们将逐步创建新的分类器。

使用 FreeHandView 构造方法绘制数字。使用必要的参数初始化 Paint 对象，代码如下。

```java
public FreeHandView(Context context, AttributeSet attrs) {
    super(context, attrs);

    mPaint = new Paint();

    mPaint.setAntiAlias(true);

    mPaint.setDither(true);

    mPaint.setColor(DEFAULT_COLOR);

    mPaint.setStyle(Paint.Style.STROKE);

    mPaint.setStrokeJoin(Paint.Join.ROUND);

    mPaint.setStrokeCap(Paint.Cap.ROUND);

    mPaint.setXfermode(null);

    mPaint.setAlpha(0xff);
```

```
mEmboss = new EmbossMaskFilter(new float[] {1, 1, 1}, 0.4f, 6,
                               3.5f);
mBlur = new BlurMaskFilter(5, BlurMaskFilter.Blur.NORMAL);
}
```

> mPaint.setAntiAlias(true)：setFlags()的帮助函数，设置或者清除 ANTI_ALIAS_FLAG 位。抗锯齿会平滑正在绘制的图形的边缘，但对形状的内部没有影响。
>
> mPaint.setDither(true)：setFlags()的帮助函数，设置或者清除 DITHER_FLAG 位。抖动会影响比设备准确率更高的颜色向下采样的方式。
>
> mPaint.setColor(DEFAULT_COLOR)：设置画笔的颜色。
>
> mPaint.setStyle(Paint.Style.STROKE)：设置画笔的风格，用于控制图元的几何图形的解释方式（除了 drawBitmap 总是填充的之外）。
>
> mPaint.setStrokeJoin(Paint.Join.ROUND)：设置画笔的图形样式。
>
> mPaint.setStrokeCap(Paint.Cap.ROUND)：设置画笔的笔触风格。
>
> mPaint.setXfermode(null)：设置或者清除传输模式对象。
>
> mPaint.setAlpha(0xff)：setColor()的帮助函数，仅会更改颜色的 alpha 值，不会更改 RGB 值。

在视图生命周期的 init() 方法中，将传递 BarChart 对象并初始化 ImageClassifier。

```
public void init(DisplayMetrics metrics, ImageClassifier classifier,
BarChart barChart) {
    int height = 1000;
    int width = 1000;
    mBitmap = Bitmap.createBitmap(width, height, Bitmap.Config.ARGB_8888);
    mCanvas = new Canvas(mBitmap);

    currentColor = DEFAULT_COLOR;
    strokeWidth = BRUSH_SIZE;
    mClassifier = classifier;
    this.predictionBar = predictionBar;
    this.barChart = barChart;
    addValuesToBarEntryLabels();
}
```

这里会使用 GitHub 网站的 MPAndroidChart 库中的 BarChart。

当初始化 BarChart 时，$x$ 轴显示的数字范围是 0~9，$y$ 轴显示的概率值范围是 0~1.0。

```
BarChart barChart = (BarChart) findViewById(R.id.barChart);
barChart.animateY(3000);
barChart.getXAxis().setEnabled(true);
barChart.getAxisRight().setEnabled(false);
barChart.getAxisLeft().setAxisMinimum(0.0f); // start at zero
barChart.getAxisLeft().setAxisMaximum(1.0f); // the axis maximum is 1.0
barChart.getDescription().setEnabled(false);
barChart.getLegend().setEnabled(false);


// the labels that should be drawn on the X-Axis
final String[] barLabels = new String[]{"0", "1", "2", "3", "4", "5", "6",
"7", "8", "9"};
//To format the value as integers
IAxisValueFormatter formatter = new IAxisValueFormatter() {


    @Override
    public String getFormattedValue(float value, AxisBase axis) {
        return barLabels[(int) value];
    }
};


barChart.getXAxis().setGranularity(0f); // minimum axis-step (interval) is
1
barChart.getXAxis().setValueFormatter(formatter);
barChart.getXAxis().setPosition(XAxis.XAxisPosition.BOTTOM);
barChart.getXAxis().setTextSize(5f);
```

一旦使用 BarChart 初始化了视图，就可以在视图的生命周期内调用 OnDraw()方法，根据用户手指移动的路径进行绘制。在视图初始化后，OnDraw()方法会作为视图生命周期方法的一部分来调用。在视图的生命周期内，我们将跟踪用户手指的移动，并将其绘制在画布上，代码如下。

```
@Override
protected void onDraw(Canvas canvas) {
    canvas.save();
    mCanvas.drawColor(backgroundColor);

    for (FingerPath fp : paths) {
        mPaint.setColor(fp.color);
        mPaint.setStrokeWidth(fp.strokeWidth);
        mPaint.setMaskFilter(null);

        if (fp.emboss)
            mPaint.setMaskFilter(mEmboss);
        else if (fp.blur)
            mPaint.setMaskFilter(mBlur);

        mCanvas.drawPath(fp.path, mPaint);
    }
    canvas.drawBitmap(mBitmap, 0, 0, mBitmapPaint);
    canvas.restore();
}
```

在 onTouchEvent() 方法中，我们会根据用户的行为（move/up/down）来追踪用户手指的位置，并基于此初始化行为。onTouchEvent() 方法是视图生命周期内追踪事件的方法之一。当用手触摸移动设备时，会触发 3 种事件，我们将根据用户手指的移动触发不同行为。在 action_down 和 action_move 这两个事件中，我们将处理事件以使用初始绘制对象属性在视图上绘制手指的移动轨迹。当触发 event_up 事件的时候，我们会将视图保存在文件中，并将这个图片文件传递给分类器来识别数字。之后，再使用 barChart 来表示可能的概率值。

```
@Override
public boolean onTouchEvent(MotionEvent event) {
    float x = event.getX();
```

```
    float y = event.getY();

BarData exampleData;


switch(event.getAction()) {

    case MotionEvent.ACTION_DOWN :

        touchStart(x, y);

        invalidate();

        break;

    case MotionEvent.ACTION_MOVE :

        touchMove(x, y);

        invalidate();

        break;

    case MotionEvent.ACTION_UP :

        touchUp();

        Bitmap scaledBitmap = Bitmap.createScaledBitmap(mBitmap,

                              mClassifier.getImageSizeX(),

                              mClassifier.getImageSizeY(), true);

        Random rng = new Random();


        try {

            File mFile;

            mFile =

                this.getContext().getExternalFilesDir(String.valueOf

                (rng.nextLong() + ".png"));

            FileOutputStream pngFile = new FileOutputStream(mFile);

        }

        catch (Exception e){

        }

        //scaledBitmap.compress(Bitmap.CompressFormat.PNG, 90,

                              pngFile);

        Float prediction = mClassifier.classifyFrame(scaledBitmap);

        exampleData = updateBarEntry();
```

```
            barChart.animateY(1000, Easing.EasingOption.EaseOutQuad);
            XAxis xAxis = barChart.getXAxis();
            xAxis.setValueFormatter(new IAxisValueFormatter() {
                @Override
                public String getFormattedValue(float value, AxisBase
        axis) {
                    return xAxisLabel.get((int) value);
                }
            });
            barChart.setData(exampleData);
            exampleData.notifyDataChanged(); // let the data know a
                                             // dataset changed
            barChart.notifyDataSetChanged(); // let the chart know it's
                                             // data changed

            break;
    }


    return true;
}
```

在 ACTION_UP 行为中，有一个方法会调用 updateBarEntry()。在这个方法中，调用分类器来获取结果的概率值。这个方法还会根据分类器的结果更新柱状图。

```
public BarData updateBarEntry() {
    ArrayList<BarEntry> mBarEntry = new ArrayList<>();
    for (int j = 0; j < 10; ++j) {
        mBarEntry.add(new BarEntry(j, mClassifier.getProbability(j)));
    }
    BarDataSet mBarDataSet = new BarDataSet(mBarEntry, "Projects");
    mBarDataSet.setColors(ColorTemplate.COLORFUL_COLORS);
    BarData mBardData = new BarData(mBarDataSet);
    return mBardData;
}
```

带有空柱状图的 FreeHandView 如下图所示。

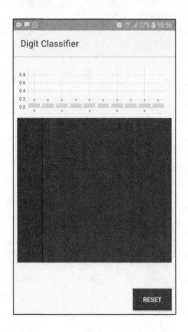

## 6.4.3　数字分类器

首先，编写分类器的代码。在分类器中，载入模型文件。这个方法会从 assets 文件夹中读取模型，并将它载入内存中。

```
/** Memory-map the model file in Assets. */
private MappedByteBuffer loadModelFile(Activity activity) throws
IOException {
    AssetFileDescriptor fileDescriptor =
                activity.getAssets().openFd(getModelPath());
    FileInputStream inputStream = new
        FileInputStream(fileDescriptor.getFileDescriptor());
        FileChannel fileChannel = inputStream.getChannel();
        long startOffset = fileDescriptor.getStartOffset();
        long declaredLength = fileDescriptor.getDeclaredLength();
        return fileChannel.map(FileChannel.MapMode.READ_ONLY,
                            startOffset, declaredLength);
}
```

然后，逐帧编写 TensorFlow Lite 分类器，我们将在这里获得数字分类器的结果。一旦收到用户输入的已保存的图片，这张位图就会转换为字节缓冲区（byte buffer），以在上面进行推断。当收到输出结果时，这个计算过程花费的时间就会通过 SystemClock 显示出来。

```
/** Classifies a frame from the preview stream. */
public float classifyFrame(Bitmap bitmap) {
    if (tflite == null) {
        Log.e(TAG, "classifier has not been initialized; Skipped.");
        return 0.5f;
    }

    convertBitmapToByteBuffer(bitmap);
    // Here's where the classification happens!!!
    long startTime = SystemClock.uptimeMillis();
    runInference();
    long endTime = SystemClock.uptimeMillis();
    Log.d(TAG, "Timecost to run model inference: " +
                      Long.toString(endTime - startTime));
    return getProbability(0);
}
```

runInference()方法会在 tflite 上调用 run 方法，代码如下。

```
@Override
protected void runInference() {
    tflite.run(imgData, labelProbArray);
}
```

接下来，查看启动应用程序的 MainActivity，barChart 在这里初始化。

使用下面的值初始化 barChart 的 x 轴和 y 轴。

```
BARENTRY = new ArrayList<>();
initializeBARENTRY();
Bardataset = new BarDataSet(BARENTRY, "project");

BARDATA = new BarData(Bardataset);
barChart.setData(BARDATA);
```

在 MainActivity 的 OnCreate() 方法中初始化 FreeHandView 来启动分类操作。

```
paintView.init(metrics, classifier, barChart);
```

当概率值达到 1.00 的时候，算法识别数字的准确率达到 100%，如下图所示。

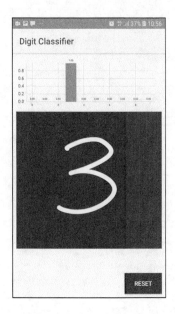

在某些情况下，分类使用部分匹配方式降低了概率，如下图所示。

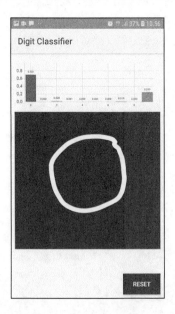

也有其他一些情况，最终概率会显示匹配多个数字。这方面的示例如下图所示。当出现这种情况时，就需要对模型进行更严格的训练。

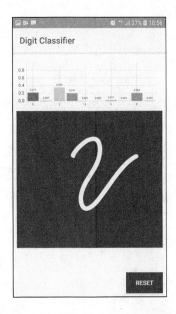

单击 **RESET** 按钮将会清除视图，这样就可以再次绘制数字。使用下面几行代码可以实现这个功能。

```
resetButton.setOnClickListener(new View.OnClickListener() {
    public void onClick(View v) {
        paintView.clear();
    }
});
```

# 6.5　本章小结

通过本章介绍的 Android 应用程序，我们学习了如何使用 TensorFlow Lite 创建一个手写数字分类器。借助手写字母数据集中的更多数据，我们可以使用 GAN 识别任何语言中的字母。

在下一章中，我们将要使用 OpenCV 创建一款换脸应用程序。

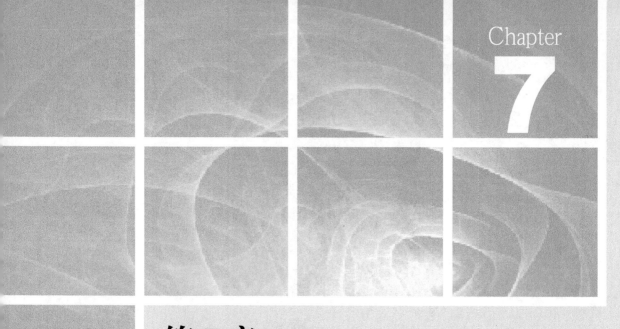

Chapter

**7**

第 7 章

# 使用 OpenCV 与朋友换脸

计算机视觉已经取得了长足的进步。现在我们可以通过识别物体来生成换脸的视频。这个功能可以通过逐帧替换一个人的脸来实现。这个过程让检测视频是变形的还是真实的变得很困难。

本章将介绍如何构建一个应用程序，它可以将一张人脸图片放在另一张图片之上。本章还将讨论包含名为 dlib 的机器学习算法的 C++工具包和开源计算机视觉（Open Source Computer Vision，OpenCV）库。

> OpenCV 是一个拥有 C++、Python 和 Java 接口的库，支持 Windows、Linux、macOS、iOS 和 Android 平台。OpenCV 是为计算效率和实时应用而设计的。它广泛应用于各种基于视觉的应用程序。dlib 是一个 C++工具包，其中包含 ML 算法和用于创建基于 C++的实际应用程序的工具。它广泛应用于工业和学术领域，包括机器人、嵌入式设备、移动电话和大型高性能计算环境。dlib 是开源的，可以在任何应用程序中免费使用。

本章创建的 Android 应用程序使用 OpenCV、dlib 和 Google Vision SDK 进行人脸检测，以便在两幅图像之间换脸。

本章将会讨论以下内容：

- 换脸的原理；
- 构建原生换脸库的方法；
- 构建可以换脸的 Android 应用程序的方法。

> 本章的源代码可以在 GitHub 网站中找到。

# 7.1 换脸

长期以来，人脸一直是计算机视觉工程师的基础研究内容。这项研究的第一个应用是人脸识别特征。要识别输入图像或视频帧中的人脸，算法首先要检测人脸的位置。然后算法将生成一个边框，以框住图像中的一张人脸，如下图所示。

一旦有了边框，很明显，下一步就是使用边框内更细粒度的细节来识别面部关键点，比如，眼睛的位置、鼻子底部、眉毛等。识别面部特征点将有助于构建虚拟化妆室和**增强现实**

（AR）滤镜等应用程序。

使用 dlib 库进行的面部关键点识别如下图所示。

 面部关键点的检测最初是 Vahid Kazemi 和 Josephine Sullivan 发明的，他们发现了 68 个组成面部特征的特定点，如上图所示。相关论文请参见瑞典皇家理工学院官网。

要实现换脸，需要考虑以下因素。

- 因为每张照片的拍摄地点可能不同，所以可能会有不同的灯光设置。除此之外，照片中的每个人都有不同的肤色。这些因素将让图像看起来有些不同。

- 肤质因人而异。例如，孩子的肤质通常是光滑的，但对于老年人来说不是这样的。

- 脸形因人而异。如果脸形有很大不同，就可能得不到期望的输出。例如，如果尝试交换一张 1 岁孩子的脸和一张 85 岁奶奶的脸，可能得不到期望的输出。

- 不同照片的面部角度不同。这取决于相机的角度。

现在进入交换两张脸所涉及的分步过程。

## 7.1.1 换脸的步骤

换脸是一个不断用一张图片替换另一张图片的过程。一旦理解了换脸的步骤，我们将在本章后面的应用程序中构建一个本地库。

### 1. 检测面部关键点

让换脸看起来真实的一个很重要方面是面部对齐。目的是将一张脸放在另一张脸的上面，这样它就可以覆盖另一张脸。要识别面部关键点，需要识别两张脸的几何形状。因为脸与脸之间的几何形状是不同的，所以需要对源脸的图片进行处理，使其与目标脸的图片对齐。dlib 有助于识别 68 个面部关键点。确定的脸部外边界如下图所示。

上图显示了 68 个特征点，它们分布在每一张脸上。

 上一页的这张图片由美国卡耐基梅隆大学的 Brandon Amos 创建，他开发了 OpenFace 库。

## 2．识别凸包

一旦确定了关键点，下一个任务就是找出**凸包**（convex hull）。这是一个围绕面部关键点绘制的边界。识别了面部关键点之后，通过连接边界点可以找到面部的外框。没有凹腔的边界称为凸包。

下图是图片应用凸包之后的效果。

## 3．德洛奈三角剖分和沃罗诺伊图

在下面的 3 幅图中，左边是一个人的常规图像，中间是德洛奈（Delaunay）三角剖分图片，右边是同一个人的沃罗诺伊（Voronoi）图。

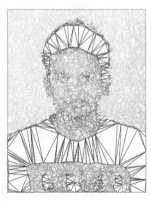

对于任意给定的平面点集，三角剖分指的是将平面细分成以这些点为顶点的三角形。对于同一直线上的一组点，没有德洛奈三角剖分。一组点可以有许多可能的三角剖分，但德洛奈三角剖分的不同之处在于，任意三角形的外接圆内不存在其他点。

关于德洛奈三角剖分的讨论都应该利用沃罗诺伊图，因为它们是紧密耦合的。类似地，在三角剖分中计算的点集也可以用于沃罗诺伊图。

如下图所示，对于平面上的点集，沃罗诺伊图将这些点划分为边界线与相邻点距离相等的区域。沃罗诺伊图也称为沃罗诺伊镶嵌、沃罗诺伊分解、沃罗诺伊划分或狄利克雷镶嵌。

 关于这两个话题的更多信息请查阅维基百科。

## 4. 仿射变形三角形

对于图像中找到的每个三角形，使用仿射变换方法可以将三角形内的所有像素转换为一幅换脸的图像。重复这个过程，直到得到相同图像的扭曲版本（见下图）。

同样，对要换脸的第二张图像进行相同的处理。这是使用名为 warpAffine 的 OpenCV 方法实现的。在实现该方法时，本书将详细讨论这一点。

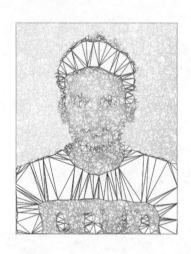

**5．无缝复制**

执行最后一步之前，在另一张图片上交换的图片可能看起来并不完美。为了使边缘和肤色完美匹配，在最后一步中我们需要应用无缝复制。有 3 种类型的无缝复制方式，其设计目的是使最终图像获得最佳输出。

- NORMAL_CLONE：这是在应用程序中使用的无缝复制方式。当将具有复杂轮廓的对象插入新背景中时，该方法的作用得到了充分的体现。

- MIXED_CLONE：传统方式（基于颜色的选择和 alpha 遮罩）可能很耗时，而且通常会留下一个不受欢迎的晕轮。

- FEATURE_EXCHANGE：特征交换允许用户轻松地将一个对象的特征替换为其他特征。

你应该选择适合自己应用程序的方式。

现在开始构建应用程序。

## 7.1.2　构建 Android 应用程序

首先，需要在 Android Studio 中安装**原生开发包**（Native Development Kit，NDK）。由于换脸的核心部分涉及 C++中的原生代码，因此 NDK 可以帮助构建 Android 应用程序和原生代码。

可以在 SDK 管理器的 **SDK Tools** 选项卡下启用 NDK，如下图所示。

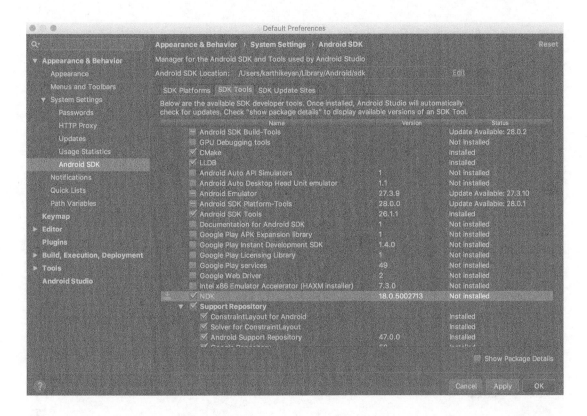

NDK 库对于 Android SDK 使用 OpenCV 3.0.0 版本。可以从 sourceforge 网站下载 OpenCV 3.0.0。

## 7.1.3　构建本地的脸交换器库

我们开始构建本地的脸交换器库。构建 Android 的本地库需要 Android.mk 文件、Application.mk 文件和 faceswapper.cpp 文件。

　关于如何在 Android 中创建本地库，请参见 Android Developers 网站。

在开始构建模型之前，请仔细看看这些文件。

### 1. Android.mk

使用这个文件，可以根据本地路径更改 OpenCV.mk 的路径。这个应用程序在 macOS High Sierra 版本的 MacBook Pro 笔记本计算机上构建。Android.mk 文件位于项目 jni 目录的子目录下。它实际上是构建系统解析一次或多次的一个很小的 GNU `makefile` 片段。

```
LOCAL_PATH := $(call my-dir)


include $(CLEAR_VARS)


OPENCV_INSTALL_MODULES:=on
OPENCV_CAMERA_MODULES:=off
OPENCV_LIB_TYPE:=STATIC
include /Users/karthikeyan/Downloads/OpenCV-
                        android/sdk/native/jni/OpenCV.mk


LOCAL_MODULE    := faceswapper
LOCAL_SRC_FILES := faceswapper.cpp
LOCAL_LDLIBS += -llog -ldl -landroid -latomic
LOCAL_CPPFLAGS := -O0 -g3 -std=c++11 -Wall -Wextra -fexceptions


include $(BUILD_SHARED_LIBRARY)
```

 有关 `Android.mk` 的更多信息请参见 Android Developers 网站。

## 2. Application.mk

`Application.mk` 文件包含目标 ABI、工具链、发布/调试模式和 STL。如果没有显式指定，那么这几个参数的默认值如下。

- **ABI**：设置为所有非弃用的 ABI。

- **Toolchain**：设置为 Clang。

- **Mode**：设置为 Release。

- **STL**：设置为 System。

在这里，指定工具链、Android API 版本和将要使用的架构。类似地，如果我们正在为其他架构［如**每秒百万条指令**（**Million Instructions Per Second**，**MIPS**）架构］构建 Android 应用程序，请在 `APP-ABI` 变量中用逗号分隔值指定相应值。

```
NDK_TOOLCHAIN_VERSION := clang

APP_STL := gnustl_static

APP_CPPFLAGS := -frtti -fexceptions -std=c++11 -DNO_MAKEFILE

APP_ABI := armeabi-v7a

APP_PLATFORM := android-15


APP_CXX = -clang++

LOCAL_C_INCLUDES += ${ANDROID_NDK}/sources/cxx-stl/gnu-

libstdc++/4.8/include
```

换脸逻辑使用 C++编写，同时使用了 OpenCV 和 dlib 库。

更多细节请参见 Android Developers 网站。

### 3. 应用换脸逻辑

我们会将两幅输入图片作为参数传递给交换器方法。这里的 img1 是带有面部的图片，它会显示在 img2 的身体上。一般来说，img2 包含带有脸的身体，但在最终结果中看不到身体。首先，将两幅图像的矩阵值和使用 dlib 计算的所有点向量（面部关键点）输入该方法中。我们将会得到变形后的 img2 图片，代码如下。

```
//faceswapper.cpp
Mat img1Warped = img2.clone();
//convert Mat to float data type
img1.convertTo(img1, CV_32F);
img1Warped.convertTo(img1Warped, CV_32F);


Mat img11 = img1, img22 = img2;
img11.convertTo(img11, CV_8UC3);
img22.convertTo(img22, CV_8UC3);
```

CV_8UC3：这个列表中的主要类型都可以通过 CV_<bit-depth>{U|S|F}C (<number_of_channels>)类型的识别器定义，U 表示无符号整型，S 表示有符号整型，F 表示浮点型。CV_8UC3 的意思是一个 8 位无符号的整型矩阵/图片，具有 3 个通道。虽然它的意思就是最常见的 RGB（实际上是 BGR）图片，但并不强制使用它。这仅仅意味着有 3 个通道，如何使用它们取决于开发人员及其应用程序。

然后，识别面部多边形的凸包（见下图）。

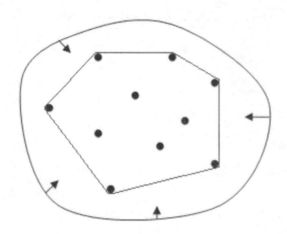

多边形的凸包是包围多边形的最小凸集。例如，当 $X$ 是平面的一个有界子集时，可以认为凸包是围绕 $X$ 拉伸的橡皮筋所围成的形状。

```
// Find convex hull
vector<Point2f> hull1;
vector<Point2f> hull2;
vector<int> hullIndex;

convexHull(points2, hullIndex, false, false);

for (size_t i = 0; i < hullIndex.size(); i++) {
    hull1.push_back(points1[hullIndex[i]]);
    hull2.push_back(points2[hullIndex[i]]);
}
```

一旦识别了凸包，应使用以下方法求德洛奈三角剖分。

```
// Find delaunay triangulation for points on the convex hull
 vector< vector<int> > dt;
Rect rect(0, 0, img1Warped.cols, img1Warped.rows);
calculateDelaunayTriangles(rect, hull2, dt);
```

三角剖分完成后，对于在图像中找到的每个三角形，使用仿射变换方法将三角形内的所有像素转换为换脸图像。重复这个过程，直到得到相同图像的变形版本。可以使用以下方法对图像 1 和图像 2 进行变形。

```
// Apply affine transformation to Delaunay triangles
for (size_t i = 0; i < dt.size(); i++) {
    vector<Point2f> t1, t2;
     // Get points for img1, img2 corresponding to the triangles
  for(size_t j = 0; j < 3; j++) {
     t1.push_back(hull1[dt[i][j]]);
     t2.push_back(hull2[dt[i][j]]);
  }
    warpTriangle(img1, img1Warped, t1, t2);
}


 // Calculate mask
vector<Point> hull8U;
for (size_t i = 0; i < hull2.size(); i++) {
    Point pt(hull2[i].x, hull2[i].y);
    hull8U.push_back(pt);
}


Mat mask = Mat::zeros(img2.rows, img2.cols, img2.depth());
fillConvexPoly(mask, &hull8U[0], hull8U.size(), Scalar(255,255,255));
```

在这一步的最后，我们将得到带有不同肤色的中间结果，它看起来像换脸后的中间结果。为了使边缘和肤色完美匹配，在最后一步需要应用无缝复制。为了完成整个过程，将应用无缝复制，代码如下。

```
// Clone seamlessly.
Rect r = boundingRect(hull2);
img1Warped.convertTo(img1Warped, CV_8UC3);


Mat img1WarpedSub = img1Warped(r);
Mat img2Sub       = img2(r);
Mat maskSub       = mask(r);
Point center(r.width/2, r.height/2);
```

```
Mat output;
int NORMAL_CLONE = 1;
seamlessClone(img1WarpedSub, img2Sub, maskSub, center, output,
NORMAL_CLONE);
```

除了 NORMAL_CLONE 之外，可以尝试传入 2 或者 3，它们分别对应 MIXED_CLONE 和 FEATURE_EXCHANGE。

使用以下代码在 Android Java 代码中调用这个方法。

```
Java_com_mlmobileapps_faceswapper_FaceSwap_portraitSwapNative(
                        JNIEnv *env,
                        jobject obj,
                        jlong addrImg1,
                        jlong addrImg2,
                        jintArray landmarksX1,
                        jintArray landmarksY1,
                        jintArray landmarksX2,
                        jintArray landmarksY2,
                        jlong addrResult )
{
    // Transform java points to readable OpenCV points
    vector<Point2f> points1 = readPoints(env, landmarksX1,
                                landmarksY1);
    vector<Point2f> points2 = readPoints(env, landmarksX2,
                                landmarksY2);

    // Get the OpenCV Mats
    Mat img1 = *(Mat*)addrImg1;
    Mat img2 = *(Mat*)addrImg2;
    Mat* retImg = (Mat*)addrResult;

    // Call faceswap function to swap faces
    Mat swapImg = faceswap_main(img1, img2, points1, points2);
    swapImg.convertTo(swapImg, CV_8UC3);
    swapImg.copyTo(*retImg);
```

```
    }
    }
```

将这个 C++ 文件另存为 faceswapper.cpp。

现在开始构建库文件。在 Terminal 中，运行如下代码。

`$ndk-build V=1`

我们会在对应的架构文件夹中找到对应的 libfaceswapper.so 库。将这个文件复制到 Android 项目的 jnilibs 文件夹中。这里不会详细介绍这个项目中用到的每个布局。

 本章的源代码参见 GitHub 网站。

## 7.1.4 构建应用程序

在 Android Studio 中使用设计编辑器很容易创建 UI。如果你很熟悉基于 XML 的文本编辑器，也可以使用这个文本编辑器。这里要创建一个简单的 ViewPager（activity_swap.xml），它会在 CoordinatorLayout 中包含两张输入图片，代码如下。

```
<android.support.v4.view.ViewPager
    android:id="@+id/container"
    android:layout_width="0dp"
    android:layout_height="0dp"
    android:layout_gravity="center_vertical"
    app:layout_behavior="@string/appbar_scrolling_view_behavior"
    app:layout_constraintBottom_toTopOf="@+id/container1"
    app:layout_constraintHorizontal_bias="0.0"
    app:layout_constraintLeft_toLeftOf="parent"
    app:layout_constraintRight_toRightOf="parent"
    app:layout_constraintTop_toBottomOf="@+id/container2"/>
```

同时，需要使用 TabLayout 来保存 ViewPager 视图。将 TabLayout 添加到 AppBarLayout 中，并放在 ViewPager 前面，代码如下。

```
<android.support.design.widget.AppBarLayout
    android:id="@+id/appbar"
```

```
    android:layout_width="0dp"

    android:layout_height="wrap_content"

    android:paddingTop="@dimen/appbar_padding_top"

    android:theme="@style/AppTheme.AppBarOverlay"

    app:layout_constraintHorizontal_bias="0.0"

    app:layout_constraintLeft_toLeftOf="parent"

    app:layout_constraintRight_toRightOf="parent"

    app:layout_constraintTop_toBottomOf="@+id/main_toolbar">


    <android.support.design.widget.TabLayout

        android:id="@+id/tabs"

        android:layout_width="match_parent"

        android:layout_height="wrap_content"

        android:fillViewport="false"

        app:tabGravity="fill"

        app:tabMaxWidth="0dp"

        app:tabMode="fixed" />


</android.support.design.widget.AppBarLayout>
```

一旦准备好了布局，就会在 FaceSwapperActivity 中进行初始化。创建适配器，该适配器将为活动的 3 个主要部分分别返回一个片段，代码如下。

```
private void setupTabs() {

    mSectionsPagerAdapter = new

                SectionsPagerAdapter(getSupportFragmentManager());


    // Set up the ViewPager with the sections adapter.

    mViewPager = (ViewPager) findViewById(R.id.container);

    mViewPager.setAdapter(mSectionsPagerAdapter);


    tabLayout = (TabLayout) findViewById(R.id.tabs);

    tabLayout.setupWithViewPager(mViewPager);

    // Sets tab icons

tabLayout.getTabAt(0).setIcon(ResourcesCompat.getDrawable(getResources(
```

```
                        ), R.drawable.ic_face, null));
tabLayout.getTabAt(1).setIcon(ResourcesCompat.getDrawable(getResources(
                        ), R.drawable.ic_face, null));


    tabLayout.addOnTabSelectedListener(this);
}
```

一旦设置了选项卡，就会添加按钮来抓拍照片，选择图库中的图像并调用交换方法。于是，就可以添加控件，以使用相机拍照或者从用户图库中选择图像。

在实现按钮的任何动作之前，首先要检查是否有权限拍摄图片，是否在存储区域中有权限在图库中选择图片，代码如下。

```
/**
 * Controls if an app has permission to use the camera and internal
storage.
 @return true if permissions are ok otherwise false.
 */
private boolean checkPermissions() {
    granted = true;
    // List the permissions
    String requests[] = {
            Manifest.permission.CAMERA,
            Manifest.permission.READ_EXTERNAL_STORAGE,
            Manifest.permission.WRITE_EXTERNAL_STORAGE,
    };

    for (String request : requests) {
        if (ContextCompat.checkSelfPermission(this, request) !=
PackageManager.PERMISSION_GRANTED) {
            granted = false;
        }
    }
    if (granted) {
        return true;
```

```
        }
    ActivityCompat.requestPermissions(this, requests,
                            MY_PERMISSIONS_REQUEST_READ_CONTACTS);

    return granted;

}
```

设置好权限后，我们将为相机和图库选择器的按钮添加动作。下面的代码会启动相机并作为图像捕获视图。

```
@SuppressWarnings("UnusedParameters")
public void cameraMode(View view) {
    if (checkPermissions()) {
        Intent intent = new Intent(MediaStore.ACTION_IMAGE_CAPTURE);
        if (Build.VERSION.SDK_INT >= CAMERA_API_LEVEL_LIMIT) {
            //for api > = 24
            File file = createImageFile();
            if (file != null) {
                Uri photoURI =
FileProvider.getUriForFile(getApplicationContext(),
BuildConfig.APPLICATION_ID + ".provider", file);


                intent.putExtra(MediaStore.EXTRA_OUTPUT, photoURI);
            }


        } else {
            //api < 24
            intent = new Intent(MediaStore.ACTION_IMAGE_CAPTURE);
            intent.putExtra(MediaStore.EXTRA_OUTPUT,
                        getPhotoFileUri());
            // Avoid crash
            if (intent.resolveActivity(getPackageManager()) != null) {
                // Start the image capture intent to take photo
                startActivityForResult(intent,
                        CAPTURE_IMAGE_ACTIVITY_REQUEST_CODE);
            }
```

```
        }
        // Avoid crash
        if (intent.resolveActivity(getPackageManager()) != null) {
            // Start the image capture intent to take photo
            startActivityForResult(intent,
                        CAPTURE_IMAGE_ACTIVITY_REQUEST_CODE);
        }
    } else {
        if (infoToast != null) {
            infoToast.cancel();
        }
        infoToast = showInfoToast(getString(R.string.err_permission));
    }
}
```

还可以从图库中选择图像。一旦得到了最终选中的图片或拍摄的图像，就会调用 startActivityForResult 方法，代码如下。

```
@SuppressWarnings("UnusedParameters")
public void galleryMode(View view) {
    if (checkPermissions()) {
        // Opens photo album
        Intent i = new Intent(Intent.ACTION_PICK,
MediaStore.Images.Media.EXTERNAL_CONTENT_URI);
        startActivityForResult(i, RESULT_LOAD_IMAGE);
    } else {
        if (infoToast != null) {
            infoToast.cancel();
        }
        infoToast = showInfoToast(getString(R.string.err_permission));
    }
}
```

一旦完成了所有基本的 UI 布局设置，应用程序就会如下图所示。

将使用 FaceSwap 类将原生库加载到应用程序中。

```
* @param addrImg1,     memory address to image 1.

* @param addrImg2,     memory address to image 2.

* @param landmarksX1, facial landmark x-coordinates to image 1.

* @param landmarksY1, facial landmark y-coordinates to image 1.

* @param landmarksX2, facial landmark x-coordinates to image 2.

* @param landmarksY2, facial landmark y-coordinates to image 2.

* @param addrResult, memory address to result image.

*/

@SuppressWarnings("JniMissingFunction")

public native void portraitSwapNative(long addrImg1,

                                      long addrImg2,

                                      int[] landmarksX1,

                                      int[] landmarksY1,

                                      int[] landmarksX2,

                                      int[] landmarksY2,

                                      long addrResult);
```

```
/* Load Native Library */
static {
    //noinspection StatementWithEmptyBody
    if (!OpenCVLoader.initDebug()) ;
    else System.loadLibrary("faceswapper");
}
```

在此之后，开始编写在换脸时要调用的方法。需要将所有的面部关键点作为输入传递给这个方法。可以使用 FaceDetector 类从 Google Vision SDK 获取人脸数据。

```
FaceDetector detector = new FaceDetector.Builder(context)
        .setTrackingEnabled(false)
        .setLandmarkType(FaceDetector.ALL_LANDMARKS)
        .build();
```

使用这个库将会找到所有关键点。一个特征点列表如下所示。它用于在给定的输入图片中识别人脸。

```
case Landmark.RIGHT_CHEEK:
    x1 = (float) (x1 + 0.8 * FACE_CONST * faceW * Math.cos(Math.PI +
theta));
    y1 = (float) (y1 + FACE_CONST * faceW * Math.sin(Math.PI + theta));

    xRightEye += x1;
    yRightEye += y1;
    break;


case Landmark.LEFT_CHEEK:
    x1 = (float) (x1 + 0.8 * FACE_CONST * faceW * Math.cos(theta));
    y1 = (float) (y1 + FACE_CONST * faceW * Math.sin(theta));

    xLeftEye += x1;
    yLeftEye += y1;
    break;


case Landmark.RIGHT_MOUTH:
```

```
        x1 = (float) (x1 + 0.75 * FACE_CONST * faceW * Math.cos((-Math.PI /
                    8) + Math.PI + theta));

        y1 = (float) (y1 + 0.75 * FACE_CONST * faceW * Math.sin((-Math.PI /
                    8) + Math.PI + theta));


        xMouthRight += x1;

        yMouthRight += y1;

        break;


case Landmark.LEFT_MOUTH:

        x1 = (float) (x1 + 0.75 * FACE_CONST * faceW * Math.cos(Math.PI / 8
                    + theta));

        y1 = (float) (y1 + 0.75 * FACE_CONST * faceW * Math.sin(Math.PI / 8
                    + theta));


        xMouthLeft += x1;

        yMouthLeft += y1;

        break;


case Landmark.BOTTOM_MOUTH:

        x1 = (float) (x1 + FACE_CONST_MOUTH * faceW * Math.cos(theta90));

        y1 = (float) (y1 + FACE_CONST_MOUTH * faceW * Math.sin(theta90));


        xMouthLeft += x1;

        xMouthRight += x1;

        yMouthLeft += y1;

        yMouthRight += y1;

        break;
```

通过下面的代码处理眼睛上的特征点。

```
case Landmark.RIGHT_EYE:

        x1 = (float) (x1 + 1.05 * FACE_CONST_EYE * faceW * Math.cos(Math.PI
                    + Math.PI / 5 + theta));
```

```
        y1 = (float) (y1 + FACE_CONST_EYE * faceW * Math.sin(Math.PI +
                Math.PI / 5 + theta));


    xRightEye += x1;

    yRightEye += y1;

    xForeHeadMid += x1;

    yForeHeadMid += y1;

    xForeHeadRight += x1;

    yForeHeadRight += y1;

    break;


case Landmark.LEFT_EYE:
    x1 = (float) (x1 + 1.05 * FACE_CONST_EYE * faceW * Math.cos(-
                Math.PI / 5 + theta));

    y1 = (float) (y1 + FACE_CONST_EYE * faceW * Math.sin(-Math.PI / 5 +
                theta));


    xLeftEye += x1;

    yLeftEye += y1;

    xForeHeadMid += x1;

    yForeHeadMid += y1;

    xForeHeadLeft += x1;

    yForeHeadLeft += y1;

    break;
```

一旦获得了所有面部关键点的坐标，就可以调用 swap 方法，这个方法在内部会调用原生库的 swap 方法。

```
/**
 * Swaps the faces of two photos where the faces have landmarks pts1 and
pts2.
 *
 * @param bmp1 photo 1.
 * @param bmp2 photo 2.
```

```
 * @param pts1 landmarks for a face in bmp1.
 * @param pts2 landmarks for a face in bmp2.
 * @return a bitmap where a face in bmp1 has been pasted onto a face in
   bmp2.
 */
private Bitmap swap(Bitmap bmp1, Bitmap bmp2, ArrayList<PointF> pts1,
                    ArrayList<PointF> pts2) {
    // For storing x and y coordinates of landmarks.
    // Needs to be stored like this when sending them to native code.
    int[] X1 = new int[pts1.size()];
    int[] Y1 = new int[pts1.size()];
    int[] X2 = new int[pts2.size()];
    int[] Y2 = new int[pts2.size()];

    for (int i = 0; i < pts1.size(); ++i) {
        int x1 = pts1.get(i).X();
        int y1 = pts1.get(i).Y();
        X1[i] = x1;
        Y1[i] = y1;
        int x2 = pts2.get(i).X();
        int y2 = pts2.get(i).Y();
        X2[i] = x2;
        Y2[i] = y2;
    }


    // Get OpenCV data structures
    Mat img1 = new Mat();
    bitmapToMat(bmp1, img1);
    Mat img2 = new Mat();
    bitmapToMat(bmp2, img2);


    // Convert to three channel image format
```

```
    Imgproc.cvtColor(img1, img1, Imgproc.COLOR_BGRA2BGR);

    Imgproc.cvtColor(img2, img2, Imgproc.COLOR_BGRA2BGR);


    Mat swapped = new Mat();
    // Call native function to get swapped image
    portraitSwapNative(img1.getNativeObjAddr(), img2.getNativeObjAddr(),
X1, Y1, X2, Y2, swapped.getNativeObjAddr());
    // Convert back to standard image format
    Bitmap bmp = Bitmap.createBitmap(bmp1.getWidth(), bmp1.getHeight(),
Bitmap.Config.ARGB_8888);

    matToBitmap(swapped, bmp);


    return bmp;

}
```

类似地，可以通过下面的代码根据一张图片对多张图片进行换脸。

```
/**
 * Makes a group face swap, swaps faces in an image.
 * Callers make sure bitmap is not null.
 * @param bitmap image with faces, #faces >= 2
 * @return status.
 */
fsStatus multiSwap(Bitmap bitmap) {
    // Get facial landmarks for people in bitmap
    ArrayList<ArrayList<PointF>> landmarks = getFacialLandmarks(bitmap);


    // Check if people were found (at least 2)
    if (landmarks.size() < 2) return fsStatus.FACE_SWAP_TOO_FEW_FACES;


    if (landmarks.size() == 2) {
        if (landmarks.get(0).size() != LANDMARK_SIZE)
            return fsStatus.FACE_SWAP_INSUFFICIENT_LANDMARKS_IMAGE1;
```

```
            if (landmarks.get(1).size() != LANDMARK_SIZE)
                return fsStatus.FACE_SWAP_INSUFFICIENT_LANDMARKS_IMAGE1;
        }


    Bitmap bitmap1 = bitmap.copy(bitmap.getConfig(), true);
    Bitmap bitmap2 = bitmap.copy(bitmap.getConfig(), true);


    int faceSwapCount = 0;


    // Start swapping faces
    int i = 0;
    while (i < landmarks.size() - 1) {

        if (landmarks.get(i).size() != LANDMARK_SIZE) {
            i++;
        } else {

            bitmap2 = swap(bitmap1, bitmap2, landmarks.get(i),
landmarks.get(i + 1));
            bitmap2 = swap(bitmap1, bitmap2, landmarks.get(i + 1),
landmarks.get(i));

            faceSwapCount++;
            i += 2;
        }
    }


    // An extra swap if the number of faces is odd.
    if (landmarks.size() % 2 == 1) {
        int ind = landmarks.size();
        if (landmarks.get(ind - 2).size() == LANDMARK_SIZE &&
landmarks.get(ind - 2).size() == LANDMARK_SIZE) {
```

```
            bitmap2 = swap(bitmap2, bitmap2, landmarks.get(ind - 2),
landmarks.get(ind - 1));

            bitmap2 = swap(bitmap1, bitmap2, landmarks.get(ind - 1),
landmarks.get(ind - 2));

            faceSwapCount++;

        }

    }

    if (faceSwapCount == 0) return fsStatus.FACE_SWAP_TOO_FEW_FACES;

    res = bitmap2;

    return fsStatus.FACE_SWAP_OK;

}
```

为了加载图像，既可以从相机中选择图像，也可以从图库中选择图像。加载两张图像之后，就可以换脸了。

为了得到更好的输出，最好使用相同分辨率和大小的图像。如果边框包含相同大小的数据，将得到更好的输出。肤色和图像几何图形在这里也扮演着重要的角色。

 如果在编译代码的时候遇到任何问题，请尝试在 SDK 管理器中禁用 NDK，并再次尝试编译。

# 7.2　本章小结

本章介绍了如何构建完整的换脸应用程序。这是计算机视觉研究的基本组成部分之一。可以在此基础上构建许多有用的应用程序。

在下一章中，我们将使用 TensorFlow 构建自己的食物分类器，并使用 Core ML 将其构建到 iOS 应用程序中。

# 7.3　参考信息

有很多关于换脸的热门讨论。要了解更多信息，请参见 GitHub 网站中以下方面的内容。

• 使用深度学习的换脸。

- 使用 Google 和 Bing API 完成图片搜索。

- 通过 Python 实现的与 dlib 和 OpenCV 框架相同的应用程序。

- 使用 GAN 完成换脸操作。

# 7.4 问题

1. 你了解换脸的实现原理吗？

2. 你能构建一个供 Android 使用的 NDK 库吗？

3. 你能使用 ViewPager 构建一个简单的 Android 应用程序吗？

4. 你能构建一个完整的换脸/美化应用程序吗？

第 8 章

# 使用迁移学习
# 完成食物分类

在本章中，我们将使用**迁移学习**（transfer learning）对食物进行分类。为此，我们为重点关注的印度食品建立了自己的基于 TensorFlow 的机器学习模型。目前的识别模型有几百万个参数。从头开始训练一个新模型需要大量的时间和数据，同时还需要数百个**图形处理单元**（Graphical Processing Unit，GPU）或者**张量处理单元**（Tensor Processing Unit，TPU）运行数小时。

迁移学习使用已经训练好的现有模型，并在新模型上重用它，从而简化了这项任务。在这里的例子中，我们将使用 MobileNet 模型的特征提取功能，并在此基础上训练自己的分类器。即使不能得到 100%的准确率，在很多情况下分类准确率也较高，尤其是在手机上（在手机上不会有大量的资源）。即使没有 GPU，也可以在一台普通的笔记本电脑上轻松地训练这个模型几小时。这个模型使用 MacBook Pro 来构建，它具有 2.6GHz 的 Intel i5 处理器和 8GB 的内存。

本章将介绍以下内容：

- 迁移学习的基本知识；

- 训练自己的 TensorFlow 模型的方法；

- 创建使用这个模型的 iOS 应用程序的方法。

 本章的源代码可以在 GitHub 网站中找到。

# 8.1　迁移学习

迁移学习是深度学习中最流行的方法之一，在这种方法中，把针对一个任务开发的模型重用到另一个任务的模型中。在这里，如果仅有非常有限的计算资源和时间，那么基于计算机视觉的任务或基于**自然语言处理**（Natural Language Processing，NLP）的任务将使用预先训练的模型作为第一步。

在典型的基于计算机视觉的问题中，神经网络试图检测初始层的边缘、中间层的形状和最终层更具体的特征。在迁移学习中，我们将使用初始层和中间层，只对最终层进行重新训练。

比如，如果一个经过训练的模型可以从输入图像中识别苹果，那么可以重用它来检测水瓶。在初始层中，已训练模型来识别对象，因此只需要重新训练最终层。通过这种方式，模型将学习如何区分水瓶和其他物体（见下图）。

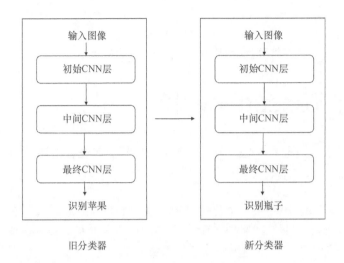

通常需要大量的数据来训练模型，但是大多数时候我们没有足够多的相关数据。这就是迁移学习的意义所在，可以用更少的数据来训练模型。

如果旧分类器是使用 TensorFlow 开发和训练的，那么可以重用它来为新分类器重新训练一些层。只有当从旧任务中学到的特性在本质上更通用时，这种方法才能完美地工作。例如，为文本分类器开发的模型不能在基于图像分类的任务中重用。此外，输入数据的大小应该与这两个模型相匹配。如果大小不匹配，需要添加额外的预处理步骤来调整输入数据的大小。

## 迁移学习中的方法

迁移学习的不同方法如下。这些方法的名称可能不同，但是概念仍然是相同的。

- **使用预先训练的模型**：很多预先训练的模型可以用于深度学习的基础研究。在本书中，我们使用了许多预先训练的模型，从这些模型中得到了想要的结果。

- **训练一个重用模型**：假设你想解决问题 $A$，但是没有足够的数据来得到结果。为了解决这个问题，我们提出了另一个问题 $B$，而且有足够的数据。在这种情况下，可以为问题 $B$ 开发一个模型，并将该模型作为问题 $A$ 的起点。根据正在解决的问题的类型，需要重用所有层，或者仅重用几个层。

- **特征提取**：通过深入学习，可以提取数据集的特征。在大多数时候，这些特征是由开发人员手工提取的。神经网络有能力学习哪些特征是必须提取的，哪些是不需要提取的。比如，我们将只使用初始层来检测功能的正确表示，但不会使用输出，因为它可能根据某个任务而不同。我们将简单地将数据输入网络中，并以随后的一个中间层作为输出层。

有了这个概念后，我们将开始使用 TensorFlow 构建模型。

# 8.2　训练 TensorFlow 模型

构建自己的定制模型需要遵循一个循序渐进的过程。首先，将使用 TensorFlow Hub，通过预先训练的模型来接收图像。

 TensorFlow Hub 是一个用于发布、发现和使用机器学习模型的可重用部件的库。模块是 TensorFlow 图的一个自包含部分。模块以及它的权重和资源可以在**迁移学习**中的不同任务上重用。

## 8.2.1　安装 TensorFlow

在编写本书的时候，TensorFlow 1.7.0 版本已经可以使用。TensorFlow Hub 有一个 TensorFlow 库的依赖项，可以使用 pip 进行安装，代码如下。

```
$ pip install "tensorflow>=1.7.0"
$ pip install tensorflow-hub
```

在安装 TensorFlow 库时，需要在训练开始之前收集图像数据集。在开始训练之前，我们需要考虑很多事情。

## 8.2.2　训练图片

在这一步，我们将收集图像并将它们按类别存放在不同的文件夹下。

选择自己的图像数据集的常见步骤如下。

（1）我们至少需要 100 张想要识别其类别的照片。模型的准确率与集合中图像的数量成正比。

（2）我们需要确保在图像集中有更多相关的图像。如果拍摄的一组图像使用纯色的背景（比如，图像中所有的对象有白色背景，在室内拍摄，同时用户试图从室外拍摄的彩色背景中识别对象），就不会获得更高的准确率。

（3）选择各种背景的图片。例如，如果我们选择只有两种背景颜色的图像，那么预测将偏向于这两种颜色，而不是图像中的对象。

（4）尝试把大的类别分成小的类别。例如，可以用猫、狗和老虎来代替动物。

（5）确保选择的所有输入图像都有我们要识别的对象。例如，如果有一个识别狗的应用程序，那么我们不会使用汽车、建筑物或山脉作为输入图像。在这种情况下，对于不可识别的图像，最好有单独的分类器。

（6）确保标签图像正确。例如，给一朵花贴上茉莉花的标签可能会让整棵植物都出现在图片中（也可能有人在后面）。当输入图像中存在分散注意力的对象时，算法的准确率会有所不同。

我们已经从 Google 图像中获取了一些食物的图片。这些图像具有可重用权限，因此在为模型收集图像时，请始终确保你拥有此权限。通过从 Google 图像中搜索任何关键字，并根据标记的重用权过滤图像，可以实现这一点。可以通过单击搜索栏下面的 Tools 找到这个选项。

我们从互联网上收集了一些可重用的图像，并将它们按如下方式存放到文件夹中。

```
$:cd ~/Chapter8/images
$:ls
dosa
idly
biriyani
burger
pizza
```

我们在相应的文件夹下保存了大约 100 张食物图片。一旦图像准备好了，我们就可以开始训练了。这些文件夹的名称很重要，因为我们要用文件夹名称为每个文件夹内的所有食品加上标签。例如，pizza 文件夹下的所有食品都将标记为 pizza。

当数据收集完成后，可以通过迁移学习开始训练过程。

## 8.2.3　使用图片重新训练

我们将在项目目录下使用 retain.py 脚本。使用 culr 下载这个脚本。

```
mkdir ~/Chapter8/images
cd ~/Chapter8/images
curl -LO
https://github.com/tensorflow/hub/raw/master/examples/image_retraining/
        retrain.py
```

在开始训练之前，需要查看一些传递给训练脚本的参数。

## 1. 训练阶段的参数

一旦准备好了数据集，我们就需要研究如何改进结果。可以通过改变学习过程中的步数来实现这一点。最简单的方法是尝试下面的操作。

```
--how_many_training_steps = 4000
```

随着步数的增加，准确率提高的速度会减慢，当超过某一个准确率时将不再提高。你可以尝试一下，并决定最适合的步数。

## 2. 架构

MobileNet 是一种低功耗和低延迟的小模型，旨在满足移动设备的约束条件。在这里的应用程序中，我们从 MobileNet 数据集中选择了以下架构，该数据集具有更高的准确性。

```
--architecture="mobilenet_1.0_224"
```

随着乘加（Multiply Accumulate，MAC）运算次数的增长，网络的功耗和延迟也会增长，MAC 用于度量融合的乘法和加法操作的数量。不同模型的信息如下图所示。

| 模型 | MAC运算的次数 | 参数个数 | 排名第一的准确率 | 排名第五的准确率 |
| --- | --- | --- | --- | --- |
| MobileNet_v1_1.0_224 | 56.9亿 | $4.24 \times 10^6$ | 70.9% | 89.9% |
| MobileNet_v1_1.0_192 | 41.8亿 | $4.24 \times 10^6$ | 70.0% | 89.2% |
| MobileNet_v1_1.0_160 | 29.1亿 | $4.24 \times 10^6$ | 68.0% | 87.7% |
| MobileNet_v1_1.0_128 | 18.6亿 | $4.24 \times 10^6$ | 65.2% | 85.8% |
| MobileNet_v1_0.75_224 | 31.7亿 | $2.59 \times 10^6$ | 68.4% | 88.2% |
| MobileNet_v1_0.75_192 | 23.3亿 | $2.59 \times 10^6$ | 67.2% | 87.3% |
| MobileNet_v1_0.75_160 | 16.2亿 | $2.59 \times 10^6$ | 65.3% | 86.0% |
| MobileNet_v1_0.75_128 | 10.4亿 | $2.59 \times 10^6$ | 62.1% | 83.9% |
| MobileNet_v1_0.50_224 | 1.5亿 | $1.34 \times 10^6$ | 63.3% | 84.9% |
| MobileNet_v1_0.50_192 | 1.1亿 | $1.34 \times 10^6$ | 61.7% | 83.6% |
| MobileNet_v1_0.50_160 | 7700万 | $1.34 \times 10^6$ | 59.1% | 81.9% |
| MobileNet_v1_0.50_128 | 4900万 | $1.34 \times 10^6$ | 56.3% | 79.4% |
| MobileNet_v1_0.25_224 | 4100万 | $0.47 \times 10^6$ | 49.8% | 74.2% |
| MobileNet_v1_0.25_192 | 3400万 | $0.47 \times 10^6$ | 47.7% | 72.3% |
| MobileNet_v1_0.25_160 | 2100万 | $0.47 \times 10^6$ | 45.5% | 70.3% |
| MobileNet_v1_0.25_128 | 1400万 | $0.47 \times 10^6$ | 41.5% | 66.3% |

可以从 GitHub 网站下载 MobileNet-v1 预训练的模型。

### 3. 失真

在训练过程中，可以通过输入图像来提高训练效果。训练图像可以通过随机地裁剪、亮化和缩放来生成。这将有助于生成有效的训练数据集。然而，在这里启用失真有一个缺点，因为这样缓存瓶颈就会失效。因此，没有重用输入图像，而增加了训练的时间周期。有多种方法来启用失真，代码如下。

```
--random_crop

--random_scale

--random_brightness
```

这并非在所有情况下都有用。例如，它在数字分类器系统中没有帮助，因为翻转和扭曲图像在生成可能的输出时没有意义。

### 4. 超参数

可以尝试更多的参数来看看额外的参数是否有助于优化结果。

在以下选项中指定超参数。超参数的解释如下。

- --learning_rate：在训练时控制最终层的更新。如果这个值很小，那么训练将会花费更多时间。当要优化准确率的时候，这个参数可能并不是很有帮助。

- --train_batch_size：在评估最终层更新的训练过程中，帮助控制要检查的图片的数量。一旦准备好了图片，这个脚本就会将图片分为 3 个不同的集合。最大的集合在训练中使用。这种分法可以有效防止模型识别输入图片中无用的模式。如果一个模型只使用特定的背景模式进行训练，那么当它面对具有新背景的图像时，它不会给出一个合适的结果，因为它会从输入图像中记住不必要的信息。这就是所谓的**过拟合**（overfitting）。

- --testing_percentage 和--validation_percentage 标记：为了避免过拟合，其中 80%的数据保存在主训练集中，10%的数据用于训练过程中的验证，最后 10%的数据用于模型的测试。可以使用参数 validation_batch_size 来调整这些控件，查看迭代之间验证准确率的波动。这可以通过设置参数来减小。

如果你是新手，那么可以使用默认值，不必对这些参数进行更改。为了开始构建模型，需要训练图像数据。

## 5. 运行训练脚本

讨论了所有与参数相关的细节后，现在可以使用下载的脚本开始训练了。

```
python retrain.py \
  --bottleneck_dir=./ \
  --how_many_training_steps=4000 \
  --model_dir=./ \
  --output_graph=./food_graph.pb \
  --output_labels=food_labels.txt \
  --architecture="mobilenet_1.0_224" \
  --image_dir=/Users/karthikeyan/Documents/docs/book/Chapter8/images
```

根据处理器的能力和拥有的图像数量，脚本可能需要更长的训练时间。比如，如果有 50 种不同的食物，每种食物包含 1500 张图片，这里运行脚本花了 10 小时以上的时间。一旦脚本执行完成，就会在输出中获得 TensorFlow 模型。

## 6. 模型转换

一旦准备好了 TensorFlow 模型，就会把它转换成 Core ML 模型。正如在其他章节中所做的转换一样，要获得转换器的最新版本，复制这个存储库并从源代码中安装它，代码如下。

```
git clone https://github.com/tf-coreml/tf-coreml.git
cd tf-coreml
```

同样，也可以使用 pip 安装转换器。

```
pip install -U tfcoreml
```

在下面的代码中，循环使用 GraphDef 来查找信息。因为要将 TensorFlow 模型转换为 Core ML 模型，所以需要获取以下信息。

- **输入名称**：占位符 op 的输出，它是（input:0）。
- **输出名称**：在图的末尾，softmax op 的输出，它是（final_result:0）。
- **模型形状**：在创建模型的过程中，可以从 TensorBoard 中获取模型形状来确定它的形状，也可以使用 tf.shape() 来确定它的形状。该模型的形状是[1,224,224,3]。现在可以将该模型转换为 Core ML 模型(.mlmodel)。

我们将从以下代码中获得详细信息的列表。

```
import tensorflow as tf
import tfcoreml
from coremltools.proto import FeatureTypes_pb2 as _FeatureTypes_pb2
import coremltools


tf_model_path = "./food_graph.pb"
with open(tf_model_path , 'rb') as f:
    serialized = f.read()
tf.reset_default_graph()
original_gdef = tf.GraphDef()
original_gdef.ParseFromString(serialized)


with tf.Graph().as_default() as g:
    tf.import_graph_def(original_gdef, name ='')
    ops = g.get_operations()
    N = len(ops)
    for i in [0,1,2,N-3,N-2,N-1]:
        print('\n\nop id {} : op type: "{}"'.format(str(i),
                ops[i].type))
        print('input(s):')
        for x in ops[i].inputs:
            print("name = {}, shape: {}, ".format(x.name,
                    x.get_shape()))
        print('\noutput(s):'),
        for x in ops[i].outputs:
            print("name = {}, shape: {},".format(x.name,
                    x.get_shape()))
```

下面的代码块可以将 .pb 模型转换为 .mlmodel 文件。

```
""" CONVERT TensorFlow TO CoreML model """
# Model Shape
input_tensor_shapes = {"input:0":[1,224,224,3]}
# Input Name
image_input_name = ['input:0']
# Output CoreML model path
```

```
coreml_model_file = './food_graph.mlmodel'
# Output name
output_tensor_names = ['final_result:0']
# Label file for classification
class_labels = 'retrained_labels.txt'

#Convert Process
coreml_model = tfcoreml.convert(
        tf_model_path=tf_model_path,
        mlmodel_path=coreml_model_file,
        input_name_shape_dict=input_tensor_shapes,
        output_feature_names=output_tensor_names,
        image_input_names = image_input_name,
        class_labels = class_labels)
```

现在，我们已经准备好 Core ML 模型。

 Python 脚本的源代码请参见 GuiHub 网站。

一旦下载了 tf_to_coreml.py 文件，就需要基于重新训练的 food_graph.pb 模型细节修改输入文件，比如, tf_model_path、input_name_shape_dict、image_input_names 等。当修改完成之后，执行下面的命令以获得 food_graph.mlmodel。

如果要提升模型的准确率，就需要查看更多的参数。

```
coreml_model = tfcoreml.convert(
        tf_model_path=tf_model_path,
        mlmodel_path=coreml_model_file,
        input_name_shape_dict=input_tensor_shapes,
        output_feature_names=output_tensor_names,
        image_input_names = image_input_name,
        class_labels = class_labels,
        red_bias = -1,
        green_bias = -1,
        blue_bias = -1,
        image_scale = 2.0/255.0)
```

关于图像偏差的这些附加参数有助于提高准确率。现在可以开始构建应用程序了。

## 8.2.4 构建 iOS 应用程序

我们将会创建一个新的 iOS 应用程序,并向其中导入 ML 模型。

一旦选择了 `.mlmodel` 文件,就会看到这个模型的细节(见下图),其中重要的内容是 ML 模型的**类型**、**输入**和**输出**。输入的类型应该是**图像**,因为这里的输入将是食物的图片。

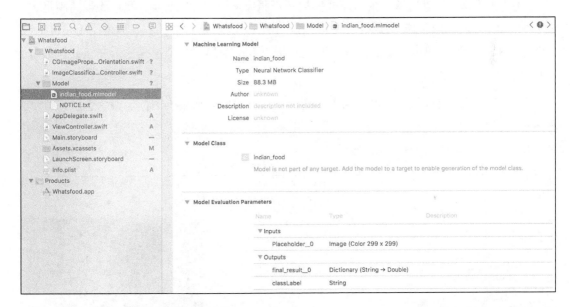

一旦导入了模型,就会将模型载入内存中。

```
do {
/*
Use the Swift class `MobileNet` Core ML generates from the model.
To use a different Core ML classifier model, add it to the project
and replace `MobileNet` with that model's generated Swift class.
*/
let model = try VNCoreMLModel(for: food_graph().model)


let request = VNCoreMLRequest(model: model, completionHandler: { [weak
            self] request, error in
        self?.processClassifications(for: request, error: error)
```

```
  })
  request.imageCropAndScaleOption = .centerCrop
  return request
} catch {
  fatalError("Failed to load Vision ML model: \(error)")
}
```

我们将会通过故事板创建一个用于图片分类的简单**用户界面**（User Interface，UI）。

UI 非常简单，可以选择一张图片或抓拍一张照片来识别食物分类。我们将创建满足需求的界面。我们将不得不为模型选择一张待识别的图片。这有两种方式：一种是使用相机拍摄；另外一种是在相册中单击食物的图片。我们在屏幕底部添加了一个工具栏，并在其顶部添加了相机类型的工具栏选项。

因为工具栏选项有一个内置的相机类型，所以不需要得到相机图标。因为这里将显示食物的图片，所以我们将添加一个图片视图，并限制它在屏幕上的位置。首先，添加一个按钮，如下图所示，这个按钮带有 UI 位置约束。

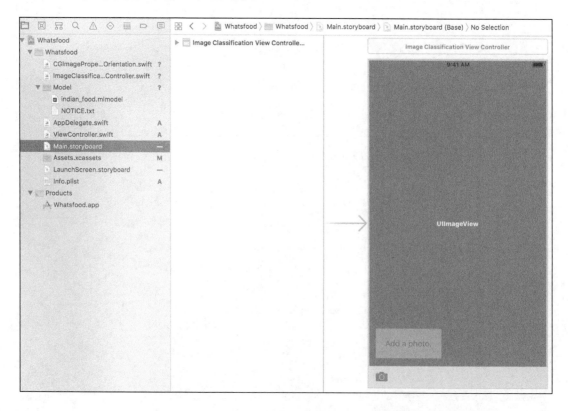

选择视图并在故事板上添加约束（见下图）。

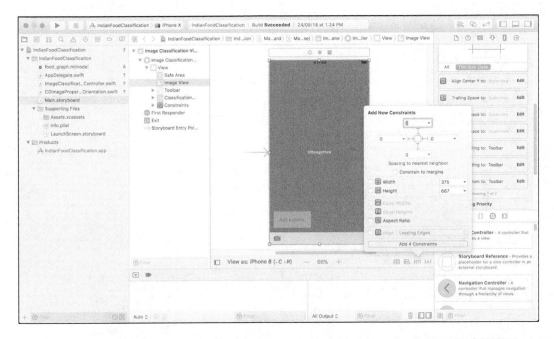

然后，需要将视图连接到类，以便在运行时访问它。通过拖动控件并将控件拖动到 ImageClassificationViewController.swift 类中，连接控件（见下图）。

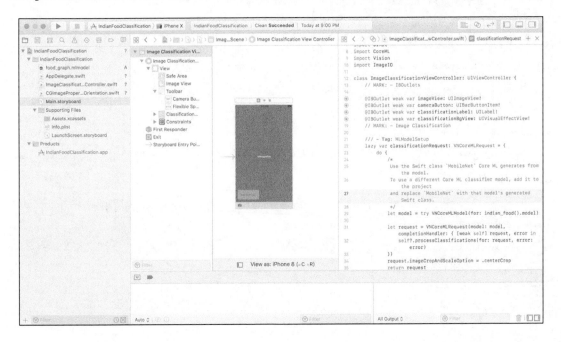

接下来，添加控件，以利用相机拍照并传到输入。下面的方法添加了控件以启动相机或者从图库中启动照片选择器。只有在相机可用时，才会显示相机选项。我们将在图像选择器上添加 3 个动作——拍照、从图库中选择图像和取消操作。

```
@IBAction func takePicture() {
guard UIImagePickerController.isSourceTypeAvailable(.camera) else {
// Show options for the source picker only if the camera is available.
presentPhotoPicker(sourceType: .photoLibrary)
return
}

    let photoSourcePicker = UIAlertController()
    let takePhoto = UIAlertAction(title: "Take Photo", style:
                            .default) { [unowned self] _ in
    self.presentPhotoPicker(sourceType: .camera)
}

    let choosePhoto = UIAlertAction(title: "Choose Photo", style:
                            .default) { [unowned self] _ in
    self.presentPhotoPicker(sourceType: .photoLibrary)
}

    //Adding actions on the photo picker control
    photoSourcePicker.addAction(takePhoto)
    photoSourcePicker.addAction(choosePhoto)
    photoSourcePicker.addAction(UIAlertAction(title: "Cancel",
                                style:.cancel, handler: nil))
    present(photoSourcePicker, animated: true)
}
```

现在添加一个控件，该控件允许从图库中选择图像。该控件会传递给 UIImagePicker Controller() 方法，代码如下所示。

```
func presentPhotoPicker(sourceType: UIImagePickerControllerSourceType) {
    let picker = UIImagePickerController()
    picker.delegate = self
    picker.sourceType = sourceType
    present(picker, animated: true)
}
```

UIImagePickerController 是一个视图控制器，管理用于拍照、录制视频和从用户的媒体库中选择条目的系统接口。

使用 image-picker 控件，我们将添加一个视图控制器来调用图像分类方法。下面的代码显示了如何处理图像选择器。以下代码期望 imagePickerController(:didFinishPickingMediaWithInfo:) 提供输入图像。

```
extension ImageClassificationViewController:
UIImagePickerControllerDelegate, UINavigationControllerDelegate {
// Handling Image Picker Selection

func imagePickerController(_ picker: UIImagePickerController,
didFinishPickingMediaWithInfo info: [String: Any]) {
    picker.dismiss(animated: true)


  // We always expect
`imagePickerController(:didFinishPickingMediaWithInfo:)` to supply the
  original image.
    let image = info[UIImagePickerControllerOriginalImage] as! UIImage
    imageView.image = image
    updateClassifications(for: image)
    }
}
```

 UIImagePickerControllerOriginalImage 用于指定用户选择的、原始的、未经处理的图片。

在控制器中调用分类方法。在该方法中，添加了图像处理程序。classificationRequest 实例的处理程序 processclassiations (:error:)捕获特定于处理该请求的错误。

```
///Perform image classification requests
func updateClassifications(for image: UIImage) {
    classificationLabel.text = "Classifying..."
    classificationBgView.isHidden = false
    let orientation =
          CGImagePropertyOrientation(image.imageOrientation)
    guard let ciImage = CIImage(image: image) else {
```

```
                fatalError("Unable to create \(CIImage.self) from \(image).")
        }


        DispatchQueue.global(qos: .userInitiated).async {
        let handler = VNImageRequestHandler(ciImage: ciImage, orientation:
                                            orientation)
        do {
            try handler.perform([self.classificationRequest])
            } catch {
            print("Failed to perform classification.\n\
(error.localizedDescription)")
            }
        }
}
```

一旦从模型中获得了结果，就可以将它更新到 UI 上。

```
/// Updates the UI with the results of the classification.
/// - Tag: ProcessClassifications
func processClassifications(for request: VNRequest, error: Error?) {
    DispatchQueue.main.async {
        guard let results = request.results else {
        self.classificationLabel.text = "Unable to classify image.\n\
                                        (error!.localizedDescription)"
        return
        }
// The `results` will always be `VNClassificationObservation`s, as
    specified by the Core ML model in this project.
        let classifications = results as! [VNClassificationObservation]


        if classifications.isEmpty {
            self.classificationLabel.text = "Nothing recognized."
        }
        else {
        // Display top classifications ranked by confidence in the UI.
```

```
        let topClassifications = classifications.prefix(2)

        let descriptions = topClassifications.map { classification in

        // Formats the classification for display; e.g. "(0.37) cliff,
            drop, drop-off".

        return String(format: " (%.2f) %@", classification.confidence,
                    classification.identifier)

    }

    self.classificationLabel.text = "Classification:\n" +
            descriptions.joined(separator: "\n")

    }

  }

}
```

最终结果如下图所示。

这是早期模型的一个样本图像，它使用了不恰当的数据集。虽然每个类别的食物都有1000多张照片，但也有一些图片包含多种菜品，如下图所示。这里选择的输入很糟糕，因为在主食物的周围有大量噪声，并且在一张图像中有多种食物。这会让算法很难得到想要的结果。在选择数据集时，请尽量避免这类问题。

下图也展示了同一张图片中的两个可检测项，我们可以在图片中看到分类器的值。可以看到 lollipops（棒棒糖）和 idli vada（炸豆饼）都标记在这里。

## 8.3　本章小结

此时，你应该能够构建自己的 TensorFlow 模型，并将其转换为一个用于 iOS 应用程序的 Core ML 模型。可以将相同的 TensorFlow 模型转换为 TensorFlow Lite 模型，以便在 Android 应用程序中使用。你可以接受这个任务，并对结果进行实验。有了这些基础后，我们现在进入下一章。

在下一章中，我们将看到如何使用从本书中获得的知识以及如何构建自己的应用程序。

第 9 章

# 接下来做什么

如今，对于已经生产的大多数数码产品来说，手机已经成为默认消费媒介。随着数据消耗量的增加，我们必须尽快将结果提供给用户。比如，当你滑动 Facebook 和更新页面时，根据你的兴趣，从你的朋友那里加载你喜欢的很多内容。因为用户花费的时间非常有限，所以在服务器端和客户端都运行了许多算法，以根据你在 Facebook 上的喜好加载和组织内容。如果可以在本地运行所有算法，我们就不需要依赖 Internet 来更快地加载内容。

只有在客户端的设备上进行处理，而不是在云端进行处理，才有可能这样做。随着移动设备处理能力的提高，鼓励我们在移动设备本地运行所有机器学习模型。有很多服务可在客户端的设备上进行处理，比如，从照片中识别人脸（如 Apple 的 Face ID 功能），该功能在本地设备上使用了机器学习。

虽然现在很多技术都很流行（比如，**人工智能**、**增强现实**、**虚拟现实**、区块链和机器学习），但是机器学习的增长速度比其他技术快很多，并且在所有领域都有典型的用例。为了得到期望的结果，机器学习算法目前已广泛应用于图片、文本、音频以及视频。

如果你是一名初学者，那么可以通过使用各种免费和开源的框架开始你的学习之旅。如果你担心自己不能够构建一个模型，那么可以先从 Firebase 和 Google 的 ML Kit 开始做起。当然，也可以使用 TensorFlow 构建自己的模型，并将它转换为 Android 使用的 TensorFlow Lite 模型和 iOS 使用的 Core ML 模型。

本章将会介绍以下内容：

- 之前项目的简单回顾；

- 基于机器学习的流行的云服务；

- 当构建首个基于机器学习的移动应用程序时，需要从哪里开始做起。

# 9.1　温故而知新

本书介绍了 7 款每天都能用到的、实时的移动应用程序。

第 1 章介绍了基于机器学习的基本应用程序，以及自己构建模型的基础知识。

第 2 章展示了如何使用 Core ML 预测一张图片或者相机中人物的年龄和性别。

第 3 章介绍了一种艺术神经风格的转换算法，该算法在图像编辑应用程序中得到了广泛的应用。在 Android 和 iOS 应用程序中使用的风格转换方法相同。

第 4 章探讨了如何使用 Firebase 移动版 SDK 实现面部识别、文本预测和特征点预测。如果你是一名初学者，可以在 Android 或 iOS 平台上使用该 SDK，而不必担心如何开发模型或如何为模型生成数据。

第 5 章讲述了机器学习的另外一个应用场景——AR。我们在 Android 平台上构建了一个实时滤镜（与 Snapchat 类似）。

第 6 章讨论了如何构建一个实时手写数字分类器。如果在字母分类器上实现了相同的模型，那么就有大量的使用场景。

第 7 章介绍了一款流行的在线应用程序，它可以让用户与明星换脸。我们使用 dlib-ML 工具和 OpenCV 库完成了这个工作。

第 8 章展示了如何使用已有的图片构建了自己的模型以实现食物分类。

## 9.1.1　当开发机器学习应用程序时从何处入手

要开始机器学习的学习之旅，可以使用现有的基于机器学习的云服务。**机器学习即服务**（Machine Learning as a Service，MLaaS）广泛应用于所有现代业务部门。数据变得越来越便宜，数据量呈指数级增长。因此，设备的处理能力正以更快的速度增长。这在各种基于云的服务方面取得了进展，比如，**软件即服务**（Software as a Service，SaaS）、**平台即服务**（Platform as a Service，PaaS）和**基础设施即服务**（Infrastructure as a Service，IaaS），现在 MLaaS 也加入了这些服务的行列。

尽管可以在移动设备上运行 ML 模型，但大多数 ML 模型需要运行在本地设备上，这是因为移动设备会受到内存和 CPU/GPU 的限制。在这种情况下，云服务就非常有用。

要学习云上的机器学习，有多种可用的服务，比如，人脸识别、光学字符识别、图片识别、特征点识别、数据可视化、自然语言处理等。所有这些内容都由深度神经网络、**卷积神经网络**（Convolutional Neural Network，CNN）和概率模型等支持。大多数云服务商都会运行一个商业模型，为想要尝试的开发者提供一些免费期限，这样他们就可以为自己的应用程序选择一款最合适的云服务。下面几节将介绍目前可用的 4 种服务，它们在开发人员和企业中很流行。作为初学者，你可以研究每个服务商提供的功能，并选择最适合你的应用程序的功能。

### 1．IBM Watson 服务

IBM Watson 的很多产品都提供深度学习服务。有一个名为 **AI assistant** 的文本机器人服务（支持移动平台和聊天服务），还有一个名为 **Watson Studio** 的服务。这些服务对模型的建立和分析很有帮助。IBM Watson 还有另一个单独的 API 服务，用于处理文本、视觉和语音。

关于如何使用 Core ML 开发视觉应用程序的示例应用程序请参见 GitHub
网站。

## 2．Microsoft Azure 认知服务

Microsoft Azure 提供了 5 种开箱即用的认知服务（Cognitive Service）。

- **Vision API**：提供了图片处理算法，可以智能地识别、捕获并美化图片。

- **Speech API**：使用这个服务，可以将演讲音频转换为文本，使用语音进行验证，或者
  在应用程序中添加语音识别。

- **Knowledge API**：有助于映射复杂的信息和数据，以完成智能推荐和语义搜索等
  任务。

- **Search API**：为应用程序提供了 Bing Web Search API，使用一个 API 调用就可以管理
  数十亿个 Web 页面、图像、视频和新闻。

- **Language API**：可以让应用程序使用预先构建的脚本处理自然语言，判断情绪，并
  学习如何识别用户的需求。

前面介绍的这些 API 都有多个示例应用程序。这些程序请参见 Microsoft
Azure 网站。

## 3．Amazon ML 服务

Amazon 提供了多个基于机器学习的服务。所有这些服务都紧密地联系在一起，这样它
们才能利用 AWS 云有效地工作。这些服务如下。

- **视觉服务**：AWS 有一个 Amazon Recognition，这是一个基于深度学习的服务，旨在
  处理图像和视频。还可以在移动设备上集成该服务。

- **聊天服务**：Amazon Lex 帮助我们构建聊天机器人。这个行业仍在增长，有越来越多
  的数据正在涌入其中。该服务将变得更加智能，能够更好地回答查询。

- **语言服务**：Amazon Comprehend 有助于发现文本中想要表达的内容和关系；Amazon
  Translate 有助于完成流畅的文本翻译；Amazon Transcribe 有助于完成自动语音识别；
  Amazon Polly 有助于将自然语言的文本转换为语音。

可以在 GitHub 网站查看一些示例应用程序。

#### 4．Google Cloud ML 服务

如果要在云上运行模型，Google Cloud ML Engine 在云端提供了强大且灵活的 TensorFlow、scikit-learn 和 XGBoost 服务。如果这些都不适合你，那么也可以选择合适的 API 服务来满足你的应用场景。

在 Google Cloud ML 中，有多个可以使用的 API。它们主要分为 4 类。

- **SIGHT**：Cloud Vision API 有助于完成图片识别和分类；Cloud Video Intelligence API 有助于完成场景级别的视频标注；AutoML Vision 有助于完成自定义的图片分类模型。

- **CONVERSATION**：Dialogflow Enterprise Edition 有助于构建对话接口；Cloud Text-to-Speech API 用于将文本转换为语音；Cloud Speech-toText API 用于将语音转换为文本。

- **LANGUAGE**：Cloud Translation API 用于语言检测和翻译；Cloud Natural Language API 用于文本解析和分析；AutoML Translation 用于自定义的特定领域的翻译；AutoML Natural Language 有助于构建自定义的文本分类模型。

- **KNOWLEDGE**：Cloud Interface API 有助于从按时间排序的数据集中获取知识。

 可以在 GitHub 网站中找到 Google Vision API。

还有开发者喜欢的其他服务，包括 api.ai 和 wit.ai。

## 9.1.2 构建自己的模型

拥有了本书介绍的知识，我们可以开发能够运行在手机上的模型。首先需要确定要解决的问题。在许多应用场景中，并不需要使用机器学习模型，我们不能强迫机器学习参与到任何应用场景中。因此，在构建自己的模型之前，需要逐步确认需求。

（1）识别问题。

（2）规划模型的有效性，判断这些数据在预测未来类似情况的输出时是否有用。比如，收集相同年龄、性别和地点的人的购买历史记录将有助于预测新客户的购买偏好。不过，如果这是你正在寻找的数据，那么这些数据对预测新客户的身高没有帮助。

（3）开发简单的模型，它可以基于 SQL。当构建实际模型时，它对于减少工作量很有

帮助。

（4）验证数据，并丢弃不需要的数据。

（5）构建实际的模型。

因为本地设备（以及云服务商）上关于各种参数（来自多个传感器的数据）的数据呈指数级增长，所以我们可以使用越来越个性化的内容构建更好的用例。许多应用程序都已经在使用机器学习。

## 1．构建自己的模型的限制

虽然机器学习越来越流行，但是要实现人人在移动平台上运行机器学习模型是不可行的。当我们正在为移动应用程序构建自己的模型时，也存在一些限制。虽然在没有云服务的本地设备上进行预测是可以的，但是不建议构建一个不断演化的模型，这种模型需要基于当前操作进行预测并累积数据，同时在本地设备上进行演化。目前，由于内存和处理能力的限制，我们可以在移动设备上运行预先构建的模型并从中进行推断。一旦移动设备拥有了更好的处理器，我们就可以训练并改善本地设备上的模型。

有很多与此相关的用例。Apple 的 Face ID 是其中一个例子，它在本地设备上运行一个模型，这个模型需要来自 CPU 或者 GPU 的计算能力。若设备的计算能力在未来不断增长，就可以在设备上构建一个完整的新模型。

准确率是人们不愿在移动设备上开发模型的另一个原因。由于目前无法在移动设备上执行大量操作，与基于云的服务相比，模型的准确率低了很多。原因是模型内存和计算能力的限制。建议在 TensorFlow 和 Core ML 库中运行移动设备可用的模型。

　　TensorFlow Lite 模型请参见 TensorFlow 网站；Core ML 模型请参见 GitHub 网站。

## 2．个性化的用户体验

个性化的**用户体验**（User eXperience，UX）将是任何基于移动设备的消费者业务的基本用例，可以为移动应用程序的用户提供精心策划和个性化的体验。这可以通过分析以下数据点来实现。

- 谁是消费者？

- 用户从哪里来？

- 他们的兴趣是什么？

- 他们对你的评价如何？

- 他们在哪里认识的你？

- 他们有什么痛点吗？

- 他们买得起你的产品吗？

- 他们是否有购买或者搜索历史？

比如，考虑零售公司或者餐馆的顾客。如果我们拥有上述问题的答案，就拥有了关于客户的大量数据，之后就可以基于这些数据构建数据模型，从而提供更加个性化的体验（借助机器学习技术）。我们可以分析和识别相似的客户，为所有用户提供更好的用户体验，同时也可以面向未来的客户。

## 3. 更好的搜索结果

提供更好的搜索结果也是一个主要的应用场景，特别是在移动应用程序上，它可以提供包含更多关于上下文信息的结果，而不是基于文本的结果。这将有助于扩展企业的客户群。机器学习算法应该从用户搜索中学习并优化结果，甚至连拼写纠正也可以快速地完成。此外，收集用户的行为数据（关于他们如何使用你的应用程序）将有助于提供最好的搜索结果，这样你就可以针对用户提供更加个性化且已排序的方案。

## 4. 面向正确的用户

大多数应用程序在首次安装时，都会收集用户的年龄和性别数据。这可以帮助我们了解应用程序的主要用户群。如果用户允许，我们还将获得关于用户使用方式和使用频率的数据以及位置数据。这将有助于预测未来的客户目标。比如，我们将能够看到用户群是否属于18～25岁这个年龄段并且主要为女性用户。在这种情况下，可以设计一种策略来吸引更多的男性用户，或者只针对女性用户。该算法应该能够预测和分析所有数据，这将有助于市场营销和增加用户群。

在很多应用场景下，基于机器学习的应用程序都可以提供很大的帮助。其中一些帮助如下：

- 自动化的产品标签；

- 时间预估（如计步器、Uber 和 Lyft 中的时间预估）；

- 基于健康的建议；

- 运输成本预估；

- 供应链预测；

- 理财；

- 物流优化；

- 生产率提升。

# 9.2　本章小结

有了从本书中获得的基本思想，我们就可以开始使用机器学习的功能构建自己的应用程序了。此外，现在已经有了多种与设备交互的方式，如 Amazon Alexa、Google Home 或者 Facebook 门户，因而我们会发现构建机器学习应用程序的用例越来越多。最终，我们将进入一个连接的设备越来越多的世界，这将更加拉近设备与我们的距离，这会让我们在使用机器学习技术时获得越来越好的体验。

# 9.3　进一步阅读

要进一步学习机器学习，请参考以下信息。

- 有很多在线的"机器学习"课程可以学习。如果你是一名初学者，那么可以首先学习 Andrew Ng 在 Coursera 网站上开设的关于机器学习的教程。

- "Machine Learning Crash Course"教程，请参见 Google Developers 网站。

- Adam Geitgey 的机器学习博客，请参见 medium 网站。

- 可以通过 Google Developers 网站开始你的 TensorFlow 学习之旅，更详细的学习资料请参见 Pete Warden 的网站。